www.ingramcontent.com/pod-product-compliance
Lightning Source LLC
Chambersburg PA
CBHW051511170526
45166CB00001B/488
9781470952655

الرايزوسفير: إيكوبيولوجيا، ميكروبيولوجيا وبيوتكنولوجيا

تأليف

د. بن عمر شبة

أستاذ البيوتكنولوجيا المشارك

The Rhizosphere: Ecobiology, Microbiology and Biotechnology

Edition
Dr. Ben Amar Cheba
Associate Professor of Biotechnology

La Rhizosphère: Ecobiologie, Microbiologie et Biotechnologie

Edition
Dr. Ben Amar Cheba
Professeur associé de Biotechnologie

1

حكم وأمثال عن الجذور

جذور التربية مريرة لكن ثمارها حلوة - مثل يوناني

تكمن جذور الخير في تربة تقدير الخير - الدالاي لاما

الشجرة ذات الجذور القوية تهزأ بالعاصفة - مثل ماليزي

قد تتشاجر أغصان الغابة لكن جذورها متعانقة — مثل إفريقي

زوّدوا الصغار بجذور عميقة، وامنحوا الكبار أجنحة طليقة - مثل هندي

شكر وتقدير

بادئا ذي بدء أحمد الله تعالى مذلل الصعاب وملهم الصواب على واسع رحمته وسابغ نعمته، ولولا توفيقه ما التمس هذا العمل طريقه إلى النور ،أما بعد:

فلا يسعني -وأنا أضع اللّمسات الأخيرة في هذا الكتاب -إلا التوجه بجزيل الشكر والامتنان وبأسمى آيات الثناء والعرفان إلى كل من علّمني حرفاً ،أو أسدى لي معروفاً ،دون أن أنسى شكر عائلتي الصغيرة (زوجتي وأولادي) على صبرهم الجميل معي طيلة فترة إعداد وتنقيح هذا المؤلف، والذي أتمنى أن يثري المكتبة العربية ويحظى بالقبول لكل من يقرأه ،وأن يكون مرجعا معينا وملهما للطلاب والتدريسيين والمزارعين المبتدئين منهم و المحترفين ،و صاقلا لمهاراتهم ،ومحسنا لأدائهم.

المؤلف

فهرس المحتويات

مقدمة الكتاب

بسم الله الرحمن الرحيم، والحمد لله رب العالمين، والصلاة والسلام على أشرف الأنبياء والمرسلين؛ سيدنا محمد وعلى آله وصحبه أجمعين، أما بعد.

التربة بيئة معقدة من الكيانات الفيزيائية والكيميائية والبيولوجية التي تنظم توافر المغذيات لنمو النبات. وبيئيا تلعب الجذور دورا كبيرا في التأثير على تركيب التربة ودورة المغذيات وعلى المنافسة النباتية، والشبكة المعقدة لميكروبات التربة.

يمكن تعريف الرايزوسفير على أنه المنطقة الضيقة من التربة المحيطة بجذور النبات والتي تكون فيها أعداد الميكروبات أعلى منها في التربة السائبة نتيجة للمغذيات التي يوفرها الجذر وكثافة النشاط البيولوجي المتأثر بإفرازات الجذر المحفزة أو الكابحة لسكانه عددا وتنوعا ونشاطا.

كما يحتوي الرايزوسفير على ميكروبات مفيدة مثل البكتيريا الجذرية المعززة لنمو النبات؛ تحسن نمو النبات وصحته وانتاجيته بشكل مباشر أو غير مباشر، كما تعزز تكيفه مع مختلف الضغوط والإجهادات البيئية.

من دواعي تأليفي لهذا الكتاب هو تعقيد الموضوع وتعدد تخصصاته الجامعة بين علوم التربة والنبات والميكروبولوجيا وغيرها مما يصعب المهمة على الطلاب، ومن جهة أخرى موضوع

هذا الكتاب يخدم طلاب أقسام علوم النبات والتربة والأحياء والبيوتكنولوجيا والميكروبيولوجيا من كليات العلوم والزراعة والبيئة والغابات وغيرهم ممن يمارسون البستنة والنشاطات الزراعية، والداعي الأخر والقوي هو افتقار المكتبة العربية لهذا النوع من المراجع الأكاديمية لدعمها بمرجع مبسط وشامل للمبتدئين، ومركز وحافل للمحترفين من أجل تعميق معارفهم ومداركهم.

حاولتُ في هذا الكتاب اتِّباع أسلوب البساطة والاختصار الشديد؛ واضعا المحتوى في شرائح موجزة ومركزة ودعمته ببعض الأشكال (56) والجداول التلخيصية الشاملة (38)؛حتى يتيسر للقارئ الكريم الفهم المباشر والاستيعاب السريع، وبناءً عليه وُزِّعت المادة العلمية للكتاب على ثلاثة أبواب؛ الأول إيكوبيولوجيا الرايزوسفير وشمل فصلين (الأول غطى أساسيات الجذر، بنيته وتنوعه المورفولوجي والوظيفي وتحوراته ومناطقه ومفرزاته، والثاني عرف الرايزوسفير وما يقاربه من مصطلحات ووضح أقسام الرايزوسفير وسكانه والعلاقات الإيكولوجية والحيوية التي تربطهم والعوامل المؤثرة في استيطانه)، أما الباب الثاني (ميكروبيولوجيا الرايزوسفير)، فقد تضمن أربعة فصول، قدّمت فيها شروحا وافية عن ميكروبات الرايزوسفير وميكروبيومه، مع التركيز على أهم الميكروبات الجذرية المعززة لنمو النبات وآليات التعزيز المباشرة وغير المباشرة

،أما الباب الثالث والأخير (الرايزوسفير)، فقد غطيت في بابيه كل ما يقدمه الرايزوسفير في خدمة الغذاء والزراعة، وفي دعم البيئة والصحة والسياحة والترفيه والثقافة، كما تم تذييل الكتاب بقائمة مصادر ومراجع أجنبية موثوقة وحديثة تم اعتمادها للاطلاع والاستزادة في هذا الموضوع المهم والملهم.

وفي الختام أرجو أن يسهم هذا المصنف في التعريف بأهمية الجذر والرايزوسفير ومايكروباته؛ وبأهمية تكثيف البحوث حوله لفهم الإستراتيجيات الجذرية بهدف الاستخدام الأكثر كفاءة لموارد التربة التي من شأنها أن تسهل الانتقال من الزراعة الأحادية عالية المدخلات إلى النظم البيئية الزراعية المنتجة والمستدامة والاقتصادية، والأكثر أداء ومرونة عند مواجهة الضغوط البيئية، كما أرجو من كل قارئ لهذا الكتاب، ألا يبخل علينا بملاحظاته وتصويباته لتفاديها وتداركها في لاحق الطبعات، وفقنا الله وإياكم نحو بلوغ المراد، والله من وراء القصد وولي التوفيق.

المؤلف

8

الباب الأول: إيكوبيولوجيا الرايزوسفير

الفصل الأول: بيولوجيا الجذور

1. الجذر:

في معظم النباتات الوعائية، الجذور عبارة عن هياكل تحت أرضية، تثبِّت النبات وتوفِّر وسيلة لامتصاص العناصر الغذائية والمياه اللازمة لنموه، تنمو أطراف الجذر الجديدة باستمرار طوال عمر النبات وتوفر الأسطح التي تتحرك من خلالها معظم العناصر الغذائية والمياه، تستخدم الجذور كأعضاء تخزين للمواد الغذائية التي تنتجها البراعم؛ وبالتالي يمكن تلخيص الوظائف الرئيسية للجذور ببساطة على أنها الامتصاص والتوصيل والتخزين والإرساء.

من الناحية البيئية، للجذور تأثير كبير على المنافسة النباتية، ودورة المغذيات، وتنمية التربة، والشبكة المعقدة للكائنات الحية الدقيقة في التربة، لذا يقتضي الفهم الشامل للجذور تداخل عديد العلوم الملخصة في الجدول أدناه.

جدول (1): العلوم الضرورية للفهم الشامل للجذور

م	العلم	م	العلم
1	مورفولوجياالجذر (Root morphology)	8	بيوجيوكيمياء الجذر(Root biogeochemistry)
2	تشريح الجذر (Root anatomy)	9	ميكروبيولوجيا الجذر(Root microbiology)

3	ميكانيكا الجذر (Root mechanics)	10	بيولوجيا الجذر(Root biology)
4	ديناميات الجذر (Root dynamics)	11	إيكولوجيا الجذر(Root ecology)
5	كيمياء الجذور (Root chemistry)	12	فينولوجيا الجذر (Root phenology)
6	فسيولوجيا الجذر (Root Physiology)	13	علم تربة الجذر(Root pedology)
7	بيوكيمياء الجذر (Root biochemistry)	14	باثولوجيا الجذر(Root pathology)

2. بنية نظام الجذر(Root system architecture (RSA

يشير مصطلح بنية نظام الجذر(RSA) في أبسط أشكاله إلى التكوين المكاني لنظام جذر النبات، ويمكن أن يكون هذا النظام معقدًا للغاية إذ يعتمد على عوامل متعددة مثل نوع النبات نفسه، وتكوين التربة وتوافر العناصر الغذائية، كما تلعب بنية الجذر دورًا مهمًا في توفير إمدادات آمنة من العناصر الغذائية والمياه بالإضافة إلى الإرساء والدعم، ويعمل تكوين أنظمة الجذر على دعم النبات هيكليًا، والتنافس مع النباتات الأخرى، وامتصاص العناصر الغذائية من التربة. تنمو الجذور وفقًا لظروف معينة؛ فإذا تم تغييرها، يمكن أن تعرقل نمو النبات على

سبيل المثال، وقد لا يكون نظام الجذر الذي نشأ في التربة الجافة بنفس الكفاءة في التربة

المغمورة، ومع ذلك فإن النباتات قادرة على التكيف مع التغيرات الأخرى في البيئة، مثل

التغيرات الموسمية.

أهم الهرمونات النباتية المؤثرة في الجذور

السايتوكينينات	الأوكسينات
الإيثيلين	الجيبريلينات

3. التنوع المورفولوجي للجذور

النباتات لديها ثلاثة أنواع من أنظمة الجذر: 1) الجذر الرئيسي، حيث إنه يكون أكبر وينمو

بشكل أسرع من الجذور الفرعية؛ 2) الجذر الليفي، تنمو فيه كل الجذور بنفس الحجم؛ 3)

الجذور العرضية، التي تتكون على أي جزء نباتي غير الجذور. تتميز الأنظمة الليفية بالأعشاب

وهي أقل عمقًا من أنظمة الجذر الرئيسي الموجودة في معظم أنواع حقيقيات الفلقة والعديد

من عاريات البذور.

غالبًا ما تؤدي الجذور وظائف أخرى غير الدعم والامتصاص؛ فيخزِّن البعض السكريات

(البنجر والجزر)، أو الماء (النباتات الصحراوية) Pneumatophores. وأخرى تدعم وتسند

وتؤدي وظائف متنوعة ملخصة وموضحة في الجدولين والصور أدناه

التنوع المورفولوجي للجذور

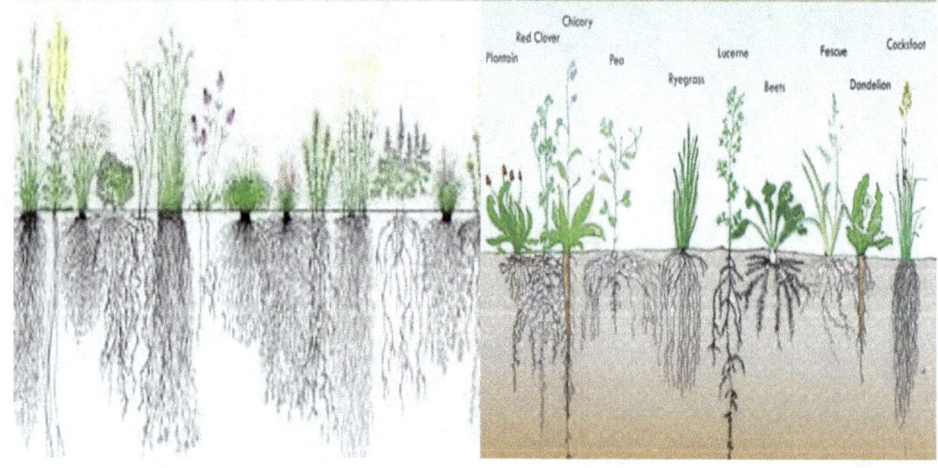

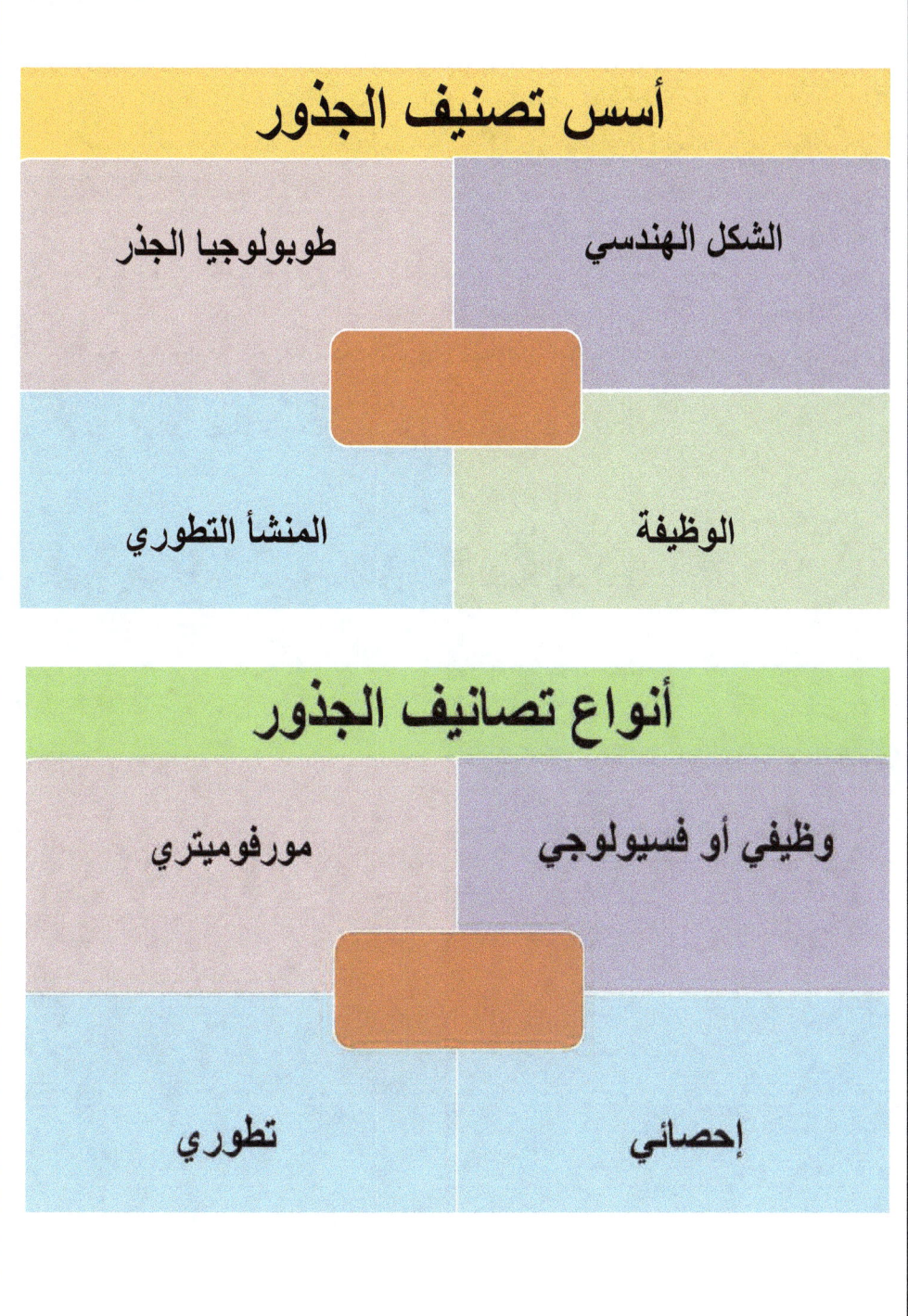

أسس تصنيف الجذور

- الشكل الهندسي
- طوبولوجيا الجذر
- الوظيفة
- المنشأ التطوري

أنواع تصانيف الجذور

- وظيفي أو فسيولوجي
- مورفوميتري
- إحصائي
- تطوري

جدول (2): تقسيم الجذور وأنواعها وتحوراتها

م	الجذور	
ا	**الوتدية**	
	النوع	**مثال**
1	عادية	جذور الطماطم والفلفل
2	ادِّخارية	جذور الفجل والجزر والشمندر
ب	**العرضية**	
	النوع	**مثال**
1	الليفية	جذور البصل أو القمح
2	الدعامية	جذور الذرة أو القصب
3	الهوائية	التين البنغالي والمانغروف الاستوائي
4	الدرنية	البطاطس والبطاطا الحلوة والكسافا
5	المتسلقة	اللبلاب و نبات حبل المساكين *Pothos, Piper betel, Vanilla, Hedera*.
6	التنفسية	نبات أبن سينا
7	المائية	ورد النيل وزنابق الماء

8	الماصة الطفيلية	نبات الهالوك المتطفل على الفول والحامول عديم الاوراق المتطفل على البرسيم *Viscum , Cuscuta*
9	الشادة أو المتقلصة	نبات الهاورثيا *Canna, Crocus, Allium, Lilium, Freesia*
10	التمثيلية(بناء ضوئي)	*Tinospora, Trapa , Taeniophyllum*
12	المترممة أو الميكوريزية	*Monotropa, Sarcodes*
13	التكاثرية أو التوالدية	البطاطا الحلوة والدهليا
14	الجذور الإسترطابية	*Venda, Dendrobium*
15	العائمة أو الطافية	زنبق الماء والطحلب البطي
16	الجذور العقدية	العقيدات الجذرية: تؤوي بكتيريا التربة المثبتة للنيتروجين. موجودة في جميع البقوليات تقريبًا.
17	الجذمور أوالريزوم	محور ساقي (منتفخ أحيانًا) ينمو أفقيًا عند أو أسفل سطح التربة وينتج براعم أعلى وجذور عرضية تحتها.يتواجد في القصب والسراخس

نماذج عن جذور إدخارية

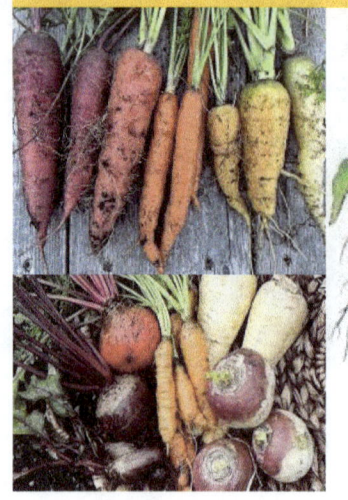
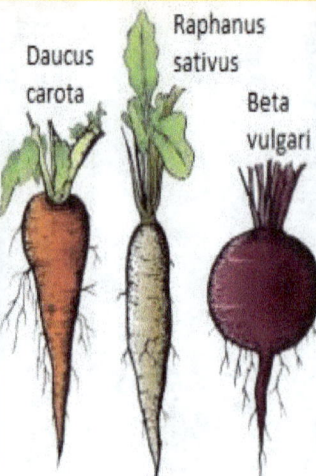
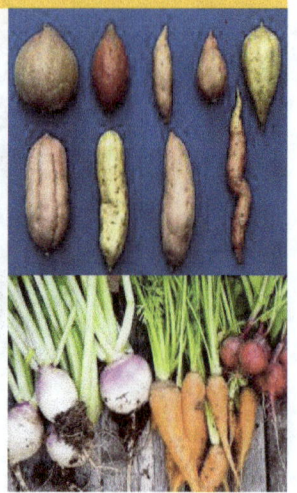

نماذج عن جذور تنفسية

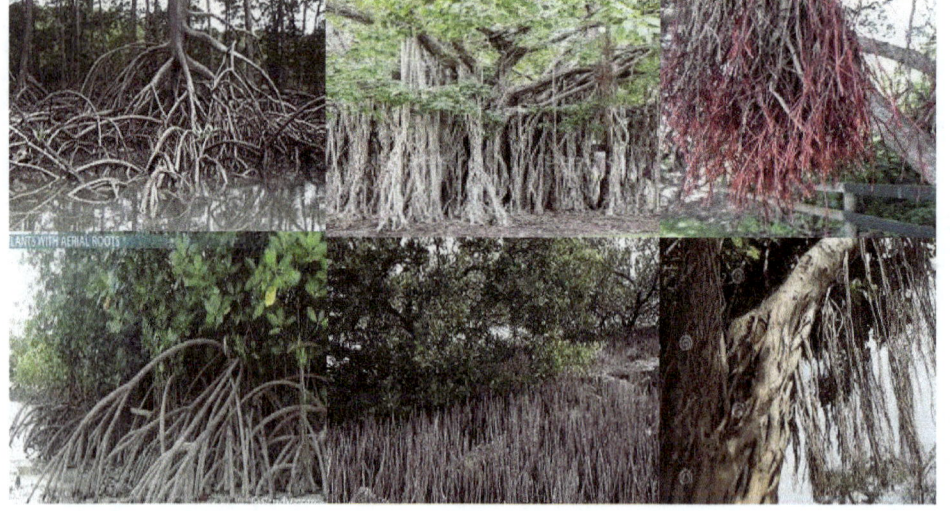

نماذج عن جذور تسلقية

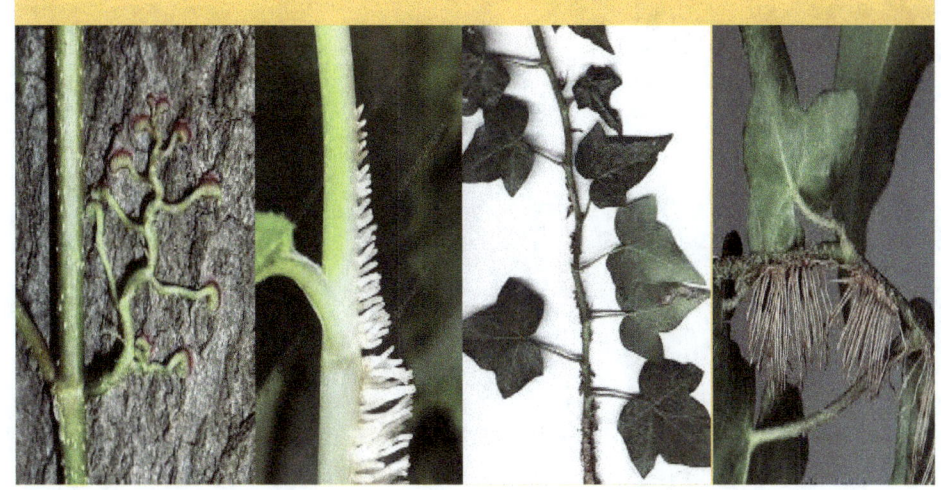

نماذج عن جذور ماصة تطفلية

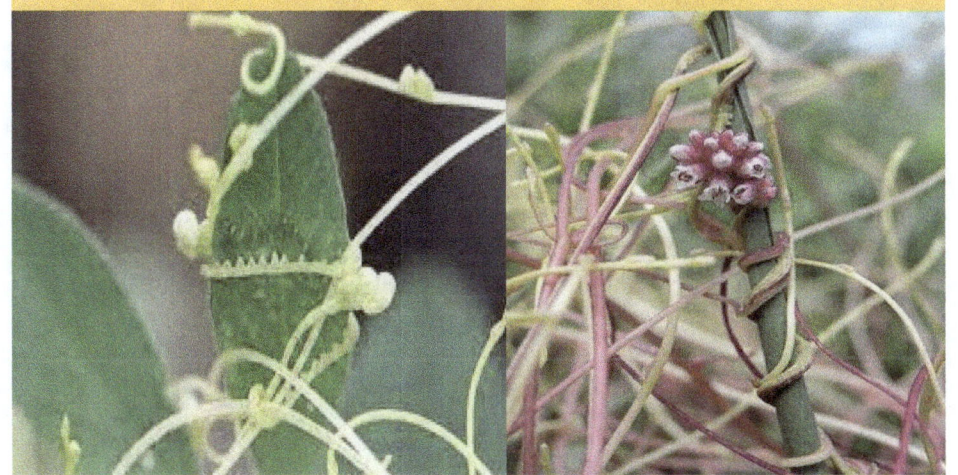

جذور مهمة طبيا (الزنجبيل ، الكركم،عرق السوس ،الفاليريان ،الأشواغاندا)

4. التنوع الوظيفي للجذور

جدول(3): الوظائف الأساسية والثانوية للجذور

م	الوظائف الأولية
1	الإرساء أو التثبيتAnchorage
2	امتصاص الماء

3	امتصاص المعادن
4	نقل المواد الممتصة
5	الحماية من الانجراف وتعرية التربة
الوظائف الثانوية	
6	التخزينStorage
7	الدعم الإضافي أو الميكانيكي
8	الموازنة Balancing
9	تثبيت النيتروجين
10	التسلق والتشبثClimbing
11	التهوية

12	التكاثر الخضري والإنتاج (الدهليا والبطاطا الحلوة والفراولة)
13	التعمير أو السباتPerennation
14	الطفوFloating
15	البناء الضوئي
16	التعلق والارتباطAttachment
17	التعاون مع الميكوريزاMycorrhiza
18	إنتاج منظمات النمو

5. مناطق الجذر

عندما تضاف الخلايا إلى الطرف عن طريق الانقسامات الخلوية المتكررة، يستطيل الجذر الصغير ويترك وراءه خلايا تتمايز وتصبح الجذور الأولية للنبات. يتم التعرف على أربع مناطق من الجذر الشاب تقليديًا، ولكن باستثناء المنطقة الطرفية، ليست منفصلة بشكل واضح.

أسماءهم الوصفية صحيحة جزئيًا فقط في وصف الأنشطة التي تجري في كل منطقة. هذه المناطق، بدءًا من الحافة وتتحرك صعودًا نحو الجذع، هي غطاء الجذر أو القلنسوة ومنطقة الانقسام النشط ومنطقة الاستطالة الخلوية ومنطقة النضج.

جدول (4): مناطق الجذر المختلفة

م	المنطقة	الشرح
1	منطقة النضج	تكمل الخلايا المستطيلة تمايزها في أنسجة الجسم الأساسي في هذه المنطقة. يمكن التعرف عليه بسهولة بسبب الشعيرات الجذرية العديدة التي تمتد إلى التربة كنمو لخلايا البشرة المفردة. إنها تزيد بشكل كبير من السطح الامتصاصي للجذور خلال فترة النمو عندما تكون هناك حاجة إلى كميات كبيرة من الماء والمواد المغذية. يعيش شعر الجذر الفردي لمدة يوم أو يومين فقط، لكن الشعر الجديد يتشكل باستمرار بالقرب من الطرف حيث تموت الشعيرات القديمة في الجزء العلوي من المنطقة.
2	منطقة الاستطالة الخلوية	تتمدد الخلايا في هذه المنطقة وتطول عندما تتحد فجوات صغيرة داخل السيتوبلازم وتملأ بالماء. يعد التوسع الخلوي في هذه المنطقة مسؤولاً عن دفع غطاء الجذر والطرف القمي إلى الأمام عبر التربة.
3	منطقة انقسام الخلايا	تحدث معظم انقسامات الخلايا على طول حواف هذا المركز وتؤدي إلى ظهور أعمدة من الخلايا مرتبة بالتوازي مع محور الجذر. خلايا النسيج الإنشائي صغيرة، مكعبة، مع بروتوبلاست كثيفة خالية من الفجوات وذات نوى كبيرة نسبيًا. ينظم النسيج الإنشائي القمي للجذر لتشكيل الأديم الأساسي الثلاثة: الأديم الأولي، الذي يؤدي إلى تكوين البشرة؛ البروكامبيوم، الذي ينتج الخشب

		واللحاء؛ والجذع الأرضي الذي ينتج القشرة. Pith ، الموجود في معظم السيقان وينتج من الأرض الإنشائية ، غائب في معظم جذور dicot (eudicot) ، ولكنه موجود في العديد من جذور monocot.
4	القلنسوة أو غطاء الجذر	غطاء الجذر عبارة عن كتلة على شكل كوب من الخلايا البرانشيمية التي تغطي طرف الجذر.. الغطاء هو سمة فريدة من سمات الجذور. لا يحتوي طرف الجذع على مثل هذا الهيكل. من شكلها وهيكلها وموقعها، تبدو وظيفتها الأساسية واضحة: فهي تحمي الخلايا الموجودة تحتها من التآكل وتساعد الجذر في اختراق التربة. يتم إنتاج أعداد هائلة من خلايا الغطاء لتحل محل تلك البالية والمفقودة عندما تندفع أطراف الجذر عبر التربة.

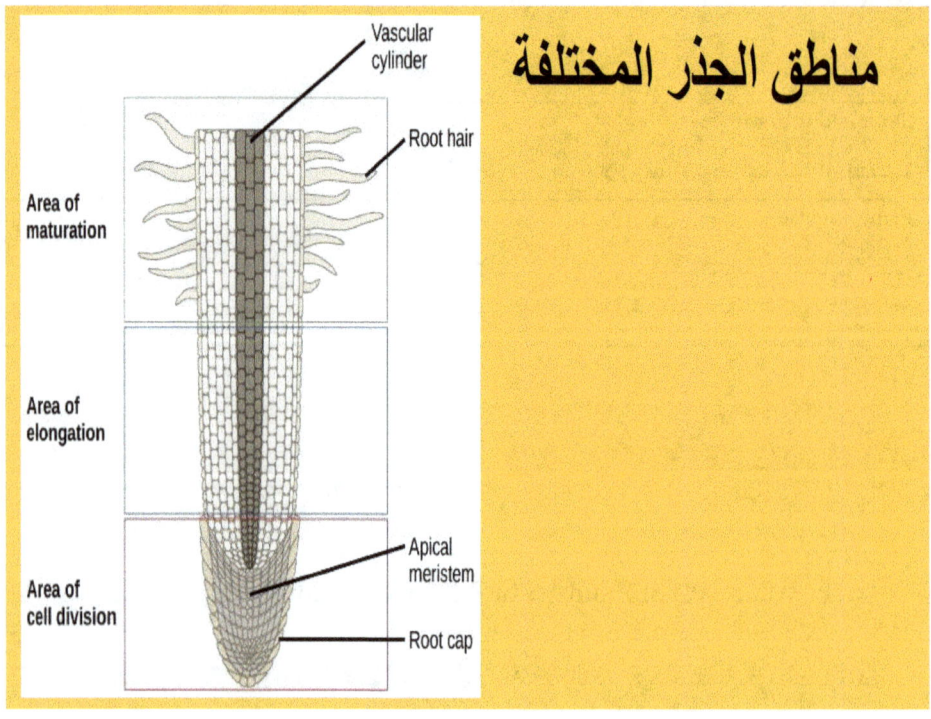

مناطق الجذر المختلفة

جدول(5): تفصيل لمناطق الجذر ومنتجاته المختلفة

م	مناطق الجذر	منتجات الجذر
1	Cortical tissue autolysis zone منطقة التحلل الذاتي للأنسجة القشرية	Lysate الحلالة
2	منطقة الأوبار الجذرية Root hair zone	Mucigel (plant and bacterial mucilage) المخاط الهلامي (نباتي وبكتيري)
3	Elongation zone منطقة الاستطالة	إفراز جزيئات عضوية قابلة للذوبان منخفضة الوزن الجزيئي
4	Apical zone منطقة قمية	Sloughed root cap cells خلايا غطاء الجذرالمتوسفة أو المتقشرة
5	Root cap قلنسوة الجذر	Plant mucilage المخاط أو اللعاب النباتي

6. مُفرَزات الجذر: تركيبها ووظائفها

إفرازات الجذرأو ترسيباته (Root Exudates or Rhizodeposition)، تتمثل في مجموعة من المستقلبات يتم إطلاقها في محيط الجذور ولها أهميتها البالغة في تجنيد الميكروبات المفيدة

والمخففة من إجهاد النبات. تشارك هذه المستقلبات المفرزة في الرايزوسفير في العديد من العمليات؛ كتعديل تكوين إفرازات الجذر، وتعديل خصائص التربة للتكيف وضمان بقاء النباتات في ظل الظروف المعاكسة، كاستخدام هذه المفرزات العديد من الاستراتيجيات مثل (1) تغيير درجة الحموضة في التربة لإذابة العناصر الغذائية إلى أشكال قابلة للاستيعاب، (2) مخلب للمركبات السامة، (3) جذب الكائنات الحية الدقيقة المفيدة كتجنيد الفطريات والبكتيريا الجذرية المعززة لنمو النبات (PGPR)، أو (4) إطلاق مواد سامة لمسببات الأمراض، إلخ. كما يمكن للعوامل الفيزيائية والكيميائية والبيولوجية إحداث تغييرات نوعية وكمية في تكوين الإفرازات.

جدول (6): مفرزات الجذر: أنواعها ووظائفها

مفرزات الجذر	**Types أنواع**	مرتفعة الوزن الجزيئي	السللوز واللعاب النباتي (Mucilage)
		منخفضة الوزن الجزيئي	الأحماض العضوية والأحماض الأمينية والبروتينات والسكر والفينولات وغيرها من المستقلبات الثانوية،
	functions الوظائف	اكتساب العناصر الغذائية (مثل الحديد والفوسفور)	
		invasiveness agents (i.e. allelopathy) عوامل الغازية	

إشارات كيميائية لجذب الشركاء التكافليين (الانجذاب الكيميائي) (مثل الريزوبيا والبقوليات)		
تعزيز الاستعمار الميكروبي المفيد على أسطح الجذور *Pseudomonas* و*Bacillus subtilis florescence)*		

جدول (7): المركبات المختلفة في الإفرازات الجذرية لأنواع نباتية مختلفة مقتبس من

(2002) Dakora and Phillips

م	تصنيف المركبات	أسماء المركبات
1	الأحماض الأمينية	ألفا ألانين ، بيتا ألانين ، الأسباراجين ، الأسبارتات ، السيستين ، السيستيين ، الجلوتامات ، الجليسين ، الآيزوليوسين ، الليسين ، اللوسين ، الميثيونين ، السيرين ، الثريونين ، البرولين ، الفالين ، التربتوفان ، الأورنيثين ، الهيستدين ، الأرجينين ، الهوموسيرين ، حمض بيتا أمينوبوتيريك ، حمض ألفا أمينوديبيك
2	الأحماض العضوية	حامض الستريك وحمض الأكساليك وحمض الماليك وحمض الفوماريك وحمض السكسينيك وحمض الخليك وحمض الزبدة وحمض الفاليريك وحمض الجليكوليك وحمض البسكيدك وحمض الفورميك وحمض الأكونيتيك وحمض اللاكتيك وحمض البيروفيك وحمض الجلوتاريك وحمض المالونيك. حمض التيترونيك ، حمض الألدونيك ، حمض الإريثرونيك
3	أحماض دهنية	لينوليك ، لينولينك ، أوليك ، بالميتيك ، ستياريك ،
4	ستيرولات	ستيرول ، كامبيستيرول ، كوليسترول ، سيتوستيرول ، ستيغماستيرول

5	السكريات	الجلوكوز ، الفركتوز ، الجالاكتوز ، الريبوز ، الزيلوز ، الرامنوز ، الأرابينوز ، الديوكسيريبوز ، المالتوز ،رافينوز ، السكريات قليلة التعدد
6	عوامل النمو وفيتامينات	الثيامين ، البانتوثينات ، الريبوفلافين ، النياسين ، البيوتين ، حمض أمينو بنزويك ، كولين ، إينوسيتول ، N- ميثيل حمض النيكوتينيك ، بيري دوكسين ، ستريغولاكتون ، البانتوثينلافون
7	فلافونؤيدات	شالكون ، كومارين ، فلافون ، فلافونول ، فلافانون ، فلافونون ، إيسوفلافون
8	البيورينات / نوكليوسيدات	الأدينين ، الجوانين ، السيتيدين ، اليوريدين
9	إنزيمات	إنفرتيز ، أميليز ، بروتياز،البيروكسيديز ، الفينولاز ، الفوسفاتيز الحمضي / القلوي ، بولي جالاكتوروناز
10	أيونات غير عضوية وجزيئات غازية	H + CO2 · H2 ،OH- ،HCO3-
11	أخرى	البولي بيبتيدات المستحثة بـ Al ، والكحولات ، وكبريتيدات الألكيل ، والأكسينات ، والكاماليكسين ، والثاني هيدروكينون ، والإيثانول ، والجلوكوزيدات ، والغلوكوزينولات ، والجليسينبيتين ، وحمض الهيدروسيانيك ، مركبات موجبة النينهيدرين غير محددة ، بروتينات قابلة للذوبان غير محددة ، مركبات مختزلة ، سكوبوليتين ، سورغوليون ، ستريغولاكتون

جدول (8): وظائف المخاط الهلامي أو اللعاب النباتي(mucigel)

م	الوظيفة
1	المساعدة في الحركة بواسطة المادة اللزجة ، والهلامية والتي تنتجها خلايا غطاء الجذر والبشرة.
2	يشحم الجذور

3	يحتوي على مواد مثبطة لجذور الأنواع الأخرى
4	يؤثر على امتصاص الأيونات
5	يجذب الكائنات الحية الدقيقة المفيدة في التربة
6	تحسين خواص التربة
7	لصق جزيئات التربة بالجذور وبالتالي تحسين الاتصال بين التربة والنبات
8	تسهيل حركة المياه من التربة إلى النبات
9	يحمي الخلايا الجذرية من الجفاف

7. طرق تحرر مفرزات جذور النباتات

1. الارتشاح او النضح عبر أغشية الخلايا وتعد القلنسوة الموقع الفعال لذلك
2. افرازات الجذور
3. القذف او الدفع
4. التوسف أي فقدان وانسلاخ أجزاء من الانسجة والخلايا عن طريق تقشير الجذور أثناء نموها.

8. العوامل المتحكمة في كمية وتركيب مفرزات الجذر:

– نوع النبات

– التركيب الوراثي للنبات

– عمر النبات

–الظروف المناخية

– الإجهاد الحيوي كالتعرض للممرضات

–الحشرات العاشبة

– نقص المغذيات

– السمية

– الهرمونات النباتية

–الضوء والإشعاع فوق البنفسجي

– الضغط الأسموزي

– المعادن النادرة

– الإجهاد المائي (الجفاف او الفيضان)

–الخصائص الكيميائية والفيزيائية والبيولوجية للتربة المحيطة.

– العوامل الحيوية (الفطريات والبكتيريا النافعة والممرضة والنيماتودا والحشرات الأكلة للاعشاب والتضاد النباتي (allelopathy)

الفصل الثاني: إيكوبيولوجيا الرايزوسفير

1. الرايزوسفير والمصطلحات المقاربة:

ما هو الفايتوسفير؟

يمثل الفايتوسفير الجزء الداخلي والخارجي للنباتات بوصفه نظاما بيئيا وهو يضم ثلاثة مكونات: الرايزوسفير أو الغلاف الجذري (rhizosphere) والإندوسفير (endosphere) الغلاف الداخلي والفايلوسفير (phyllosphere)، وهو مصطلح صاغه عالم الأحياء المجهرية الهولندي Ruinen في عام 1956 ويتضمن غلاف الأوراق أو الفايلوبلان (phylloplane) وغلاف السيقان أو الكولوسفير (caulosphere) ، غلاف الأزهار أو الأنثوسفير (anthosphere) وغلاف الثمار أو الكاربوسفير(carposphere). والسبرموسفير (spermosphere) أو المحيط البذري يقصد به بيئة التربة المحيطة بالبذور المراد إنتاشها.

ما هو الفايلوسفير؟

يعد الفايلوسفير أو المحيط الورقي موطنًا فريدًا ونظامًا بيئيًا ديناميكيًا للمجتمعات الميكروبية على سطح الأوراق والتي تشمل العديد من الكائنات الحية الدقيقة مثل الفيروسات والبكتيريا والعتائق وخمائر والأعفان الخيطية وأحيانًا الأوليات والديدان الخيطية.ويتم التحكم في تنوعه الميكروبي من خلال عوامل لاأحيائية متمثلة في :المناخ والرطوبة والتربة المحيطة والموقع الجغرافي والتضاريس وموقع الورقة والممارسات الزراعية؛ من ري وتخصيب وتقليم وخلافه.

وعوامل أحيائية تشمل: (صنف ونوع النبات المضيف، حجم وسماكة الورقة، تبوغرافيا وتضاريس الورقة، تشريح ومورفولوجيا الورقة، التركيب الكيمونباتي للورقة ومفرزاتها، فسلجة النبات ومناعة الورقة الى جانب العلاقات الميكروبية من تعاون وحياد وتضاد، ومسببات الأمراض غير الميكروبية مثل الديدان والحشرات وغيرها).

ما هو الرايزوسفير؟

الرايزوسفير أو الغلاف الجذري هو مفهوم أو مصطلح سكّه هيلتنر (Hiltner) لأول مرة في عام 1904 لوصف حجم التربة حول جذور النباتات الحية المتأثرة بنشاط الجذور والأحياء الدقيقة المرتبطة بها والمعروفة باسم الميكروبيوم الجذري.

يمكن تعريف الرايزوسفير على أنه المنطقة الضيقة من التربة المحيطة بجذور النبات والتي تكون فيها أعداد الميكروبات أعلى منها في التربة السائبة نتيجة للمغذيات التي يوفرها الجذر وكثافة النشاط البيولوجي المتأثر بإفرازات الجذر المحفزة أو الكابحة لسكانه عددا وتنوعا ونشاطا.

كما يحتوي الرايزوسفير على ميكروبات مفيدة مثل البكتيريا الجذرية المعززة لنمو النبات (PGPR) تحسن نمو النبات وصحته وإنتاجيته بشكل مباشر أو غير مباشر، كما تعزز تكيفه مع مختلف الضغوط والإجهادات.

غنى المحيط الجذري بالمغذيات وارتفاع كثافة الميكروبات يجتذب مختلف الحيوانات المفترسة مثل البروتوزوا والحيوانات الدقيقة والديدان الخيطية. إن تعقيد وتنوع التفاعلات (نباتية / حيوانية، نباتية / ميكروبية وميكروبية / ميكروبية) في المحيط الجذري تجعل هذه المنطقة ديناميكية ونشطة للغاية.

الرايزوسفير ليست منطقة محددة الحجم أو الشكل بل متغيرة ومرتبطة بتنوع وتعقيد أنظمة جذور النباتات، بل وتتدرج في خصائصها الفيزيائية والكيميائية والبيولوجية وتتغير شعاعياً وطولياً على امتداد الجذر.

الميكوريزوسفير والهايفوسفير ما هما؟

مصطلح الميكوريزوسفير "mycorrhizosphere". يشير للمنطقة المتأثرة بكليهما أي الجذر والفطر الجذري (الميكوريزا)، ويتضمن مصطلحًا أكثر تحديدًا ألا هو الميكوسفير أو الهايفوسفير "hyphosphere" الذي يشير فقط إلى المنطقة المحيطة بالهايفة المفردة والتي تزيد من المساحة السطحية للجذر وهي بذلك ترفع من حجم التبادلات والتفاعلات بين النبات والتربة والميكروبات المحيطة والذي ينعكس إيجابا على تغذية وصحة ولياقة النبات مع بيئته مهما قست.

2. أقسام الرايزوسفير:

جدول (9): الأقسام المختلفة للرايزوسفير: تركيبها ومواقعها

الموقع	التركيب	أقسام الجذر
تحتوي على ميكروبات وكاتيونات تشغل الفضاء الأبوبلاستي (مساحة خالية بين الخلايا)	Cortex القشرة	Endorhizosphere داخل الرايزوسفير
	Endodermis البشرة الداخلية	
المنطقة الوسطى المتاخمة مباشرة للجذر	Epidermis الأدمة السطحية	Rhizoplane الريزوبلان أو سطح الجذر
	Mucilage اللعاب النباتي	
المنطقة الخارجية الممتدة من الريزوبلان الى التربة السائبة		Ectorhizosphereخارج الرايزوسفير

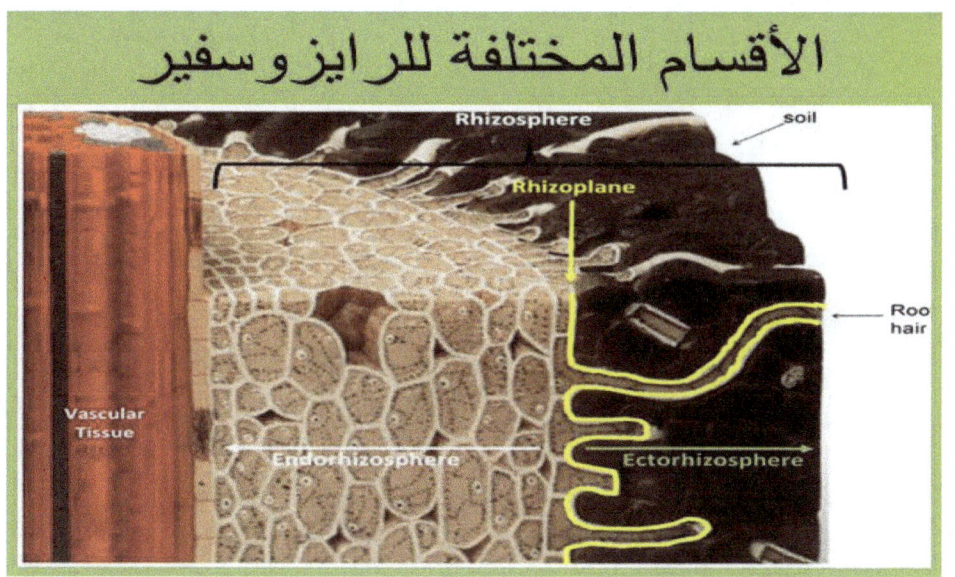

الأقسام المختلفة للرايزوسفير

3. **سكان الرايزوسفير** : يسمح محيط الجذور بنمو مجتمعات حيوية متنوعة من فطريات وأكتينومايسيتات وبكتيريا وسيانوبكتيريا وفيروسات وأوليات وطحالب مجهرية وسرخسيات في بعض الحالات وديدان وحشرات ورخويات وغيرها.

جدول (10): أسس تصنيف أحياء الرايزوسفير

1	**الخلية**
لاخلوية (فيروسات)	خلوية (بكتيريا وأوليات وفطريات وطحالب مجهرية وسرخسيات وديدان وحشرات)
2	**النواة**
بدائيات النواة	**حقيقيات النوات**

<table dir="rtl">
<tr><td>أكتينومايسيتات وبكتيريا وسيانوبكتيريا وبكتيريا حفرية</td><td colspan="2">أوليات وفطريات وطحالب مجهرية وسرخسيات وديدان وحشرات</td></tr>
<tr><td>3</td><td colspan="2">عدد الخلايا</td></tr>
<tr><td>وحيدات الخلايا</td><td colspan="2">عديدات الخلايا</td></tr>
<tr><td>وأكتينومايسيتات وبكتيريا وسيانوبكتيريا خمائر وأوليات وطحالب مجهرية</td><td colspan="2">فطريات خيطية وطحالب خيطية وسرخسيات وديدان وحشرات</td></tr>
<tr><td>4</td><td colspan="2">نوع الكائن الحي</td></tr>
<tr><td>ميكروبات</td><td>نباتات</td><td>حيوانات</td></tr>
<tr><td>فيروسات وأكتينومايسيتات وبكتيريا وسيانوبكتيرياوبكتيريا حفرية وفطريات</td><td>جذور نباتات أخرى ، طحالب ، سرخسيات</td><td>ديدان وحشرات</td></tr>
<tr><td>5</td><td colspan="2">التغذية</td></tr>
<tr><td>ذاتية التغذية</td><td colspan="2">غيرذاتية التغذية</td></tr>
<tr><td>سيانوبكتيريا ، طحالب ونباتات أخرى مجاورة</td><td colspan="2">فيروسات وأكتينومايسيتات وبكتيريا وفطريات وديدان وحشرات</td></tr>
<tr><td>6</td><td colspan="2">الموقع من الخلية</td></tr>
<tr><td>خارج خلوية</td><td colspan="2">داخل خلوية</td></tr>
</table>

7	**مكان التواجد**					
التربة السائبة	**الإكسوسفير**	**الريزوسفير**	**الريزوبلان**	**الأندوسفير**		
8	**نمط المعيشة**					
حرة	**مرافقة**	**تكافلية**	**مترممة**	**متطفلة**		
9	**نوع التاثير**					
مباشر(بكتيريا سيانوبكتيريا،أكتينومايسيتات فطريات)	**غير مباشر** (فيروسات ،أوليات ، ديدان ، حشرات)					
10	**الوظيفة**					
تغذية النبات	**الحماية من الامراض**	**الحماية من الإجهاد البيئي**	**المعالجة البيئية**			
11	**الدور الإيكولوجي**					
منتجات	مفترسات	مفككات	آكلات الحتات	رعاة	متعاونات	مستهلكات
12	**النفع والضرر**					
نافعة	**محايدة**	**ضارة**				

أوليات التربة (Soil Protozoa)

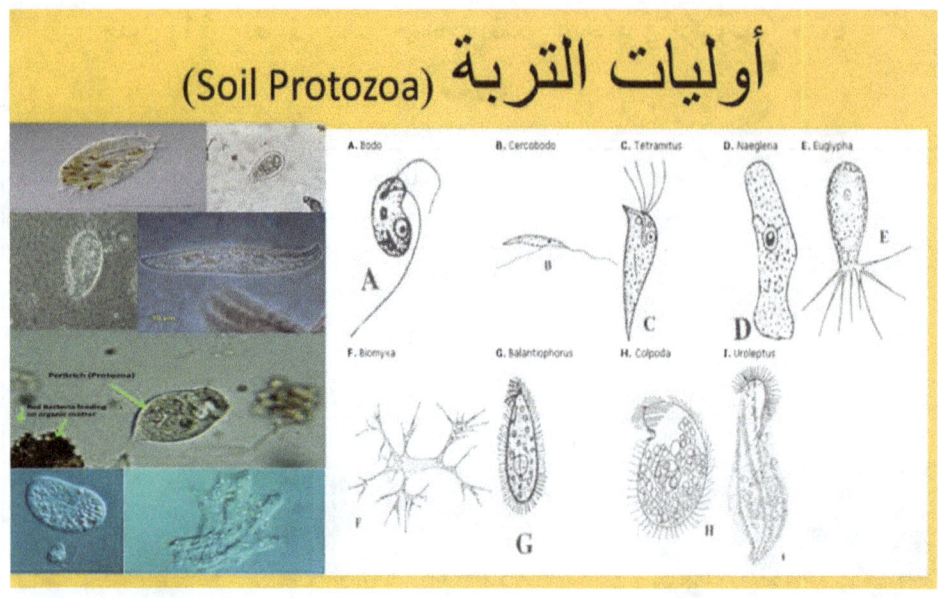

الحيوانات الدقيقة للتربة (Soil Microfauna)

جدول (11): تصنيف فئات الحيوانات الممكن تواجدها في الرايزوسفير حسب حجمها

فئات حيوانات الرايزوسفير حسب حجمها		
الحيونات الصغيرة ميكروفونا (microfauna)	الحيونات المتوسطة ميزوفونا (mesofauna)	الحيونات الكبيرة ماكروفونا (macrofauna)
الحيوانات وحيدة الخلية كا لبروتوزوا	الدّوّارات أو الدوّلابيّات (Rotifers)	ديدان الأرض (Earthworms)
	الديدان الخيطية الدقيقة (Nematodes)	مئويات الأرجل (Centipedes)
	المفصليات الدقيقة (Microarthropods)	ألفيات الأرجل(Millipedes)

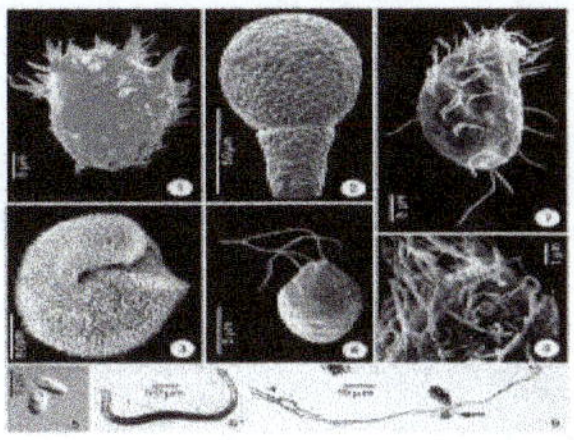

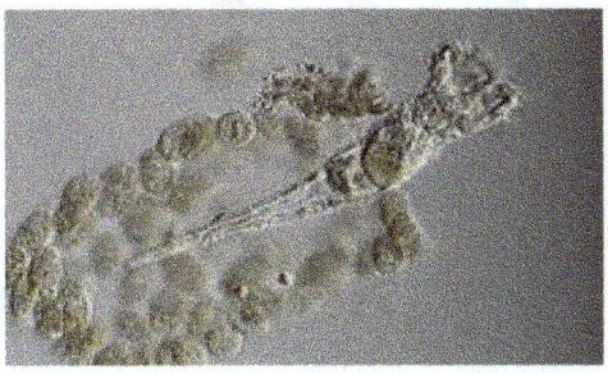

	العث أو الحلم :Acari) Arachnida) وسبرينجيتيل Collembola:) (Insecta	الحشرات , و الرخويات

4. النشاطات المختلفة لأحياء الرايزوسفير

جدول (12): النشاطات المختلفة لأحياء الرايزوسفير مقتبس وبتصرف عن (Kennedy AC ,1998)

م	النشاط	م	النشاط
1	تفكيك البقايا النباتية والمواد العضوية	21	إنتاج هرمونات نمو النبات
2	تشكيل الدبال	22	تثبيط نمو النبات
3	معدنة المواد العضوية كالنيتروجين والفوسفور والكبريت	23	تعزيز نجاعة استخدام وامتصاص المغذيات
4	زيادة توفير المغذيات للنبات كالحديد والفوسفور والمنغنيز والزنك والنحاس	24	تقليل وتثبيط نمو الأعشاب
5	إنتاج العوامل الكلابية أو المخلبية (chelating agents)العضوية	25	تثبيط نيماتودات وحشرات التربة
6	تفاعلات الأكسدة والإختزال	26	تقليل وتثيط أمراض النبات
7	تذويب الفوسفات	27	تحسين خواص التربة وزيادة خصوبتها
8	التثبيت الحيوي للنيتروجين	28	تثبيط نمو بكتيريا الجذور الضارة
9	شراكات تعايشية للفطريات الجذرية	29	حماية الجذور من العوامل الممرضة
10	شراكات تعايشية للطحالب الزرقاء المخضرة	30	التسبب في أمراض الجذور المختلفة
11	شراكات تعايشية للبكتيريا الشعاعية	31	المكافحة الحيوية (Biological control)

12	شراكات ترافقية للبكتيريا الحرة	32	المعالجة الحيوية البيئية (Bioremediation)
13	تعزيز نمو النبات	33	تفكيك الكيماويات الصناعية والزراعية
14	إنتاج هرمونات نمو النبات	34	تجميع وتركيم (accumulation)المعادن في أنسجة النبات
15	تثبيط نمو النبات	35	تطاير(Volatilization)الملوثات المعدنية
16	تعزيز نجاعة استخدام وامتصاص المغذيات	36	تعزيز تحمل النبات للجفاف
17	تقليل وتثبيط نمو الأعشاب	37	تعزيز تحمل النبات للملوحة
18	تثبيط نيماتودات وحشرات التربة	38	تعزيز تحمل النبات للأشعاع
19	تقليل وتثيط أمراض النبات	39	تعزيز تحمل النبات للصقيع والبرد
20	تحسين خواص التربة	40	تعزيز تحمل النبات للحرارة المرتفعة

5. العلاقات الحيوية والإيكولوجية في الرايزوسفير:

يسمح محيط الجذور بتواجد مجتمعات متنوعة ميكروبية وغير ميكروبية وبنمو علاقات وتفاعلات حيوية معقدة ومتشابكة تكاملية أو عدائية أو محايدة، نباتية-نباتية وأو نباتية-ميكروبية وأو ميكروبية ميكروبية. وتتنوع هذه العلاقات من حياد إلى معايشة وتبادل وتعاون إلى تعايش أو تكافل ومن منافسة وتضاد إلى تطفل وإمراضيه وافتراس.

جدول (13): شبكة السلاسل الغذائية في تربة الرايزوسفير

المستويات الغذائية (Trophic levels)				
الأول	**الثاني**	**الثالث**	**الرابع**	**الخامس فأكثر**
مركبات الضوء أو المنتجات	المفككات ، المتعاونات ، الممرضات ،المتطفلات ، وآكلات الجذور	ممزقات (shredders) ، مفترسات ، رعاة (grazers)	مفترسات المستوى العالي	مفترسات المستويات العليا
جذور النباتات وسيقانها	البكتريا ، الفطريات خاصة المترممة و الفطريات الجذرية والنيماتودا الآكلة للجذور	البروتوزووا(الاميبات ،السوطيات والهدبيات) ، النيماتودا الآكلة للفطريات والبكتيريا ،مفصليات الأرجل الممزقة ، آكلات الحتات(Detritivores)	النيماتودات المفترسة، مفصليات الأرجل المفترسة	الطيور والثديات (كالقوارض والخلد وغيره) و حيوانات الجحور

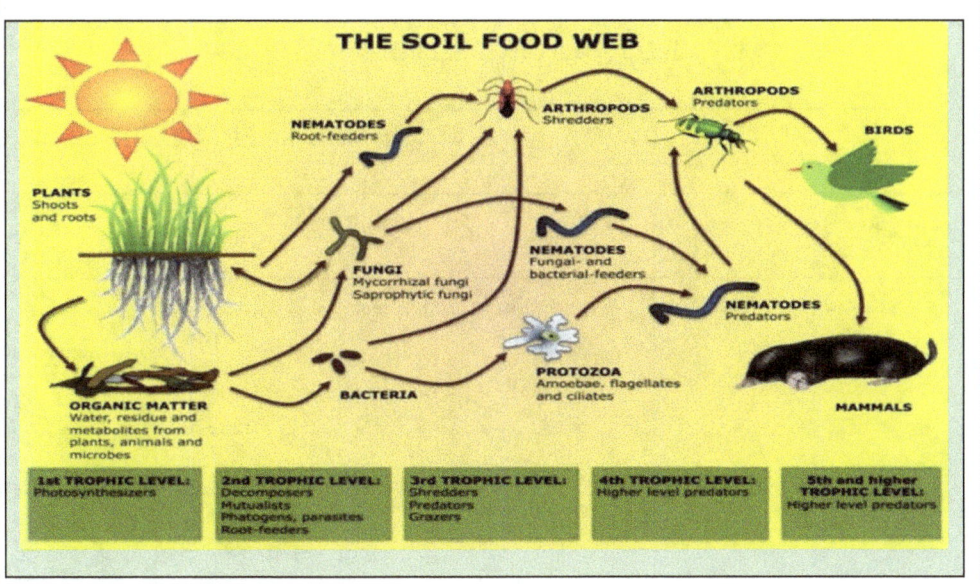

جدول(14): التصنيف الحجمي والأدوار الوظيفية والإيكولوجية لسكان الرايزوسفير

م	حجم الفئات	الوظائف	المجموعات الوظيفية
1	أحياء مجهرية أو ميكروبات	تحلل المواد العضوية ، تحرير العناصر ، تثبيت النيتروجين ، تنظيم بعض مسببات الأمراض	مهندسين كيميائين
2	ميكروفونا (Microfauna)	تنظيم الكائنات الحية الدقيقة من خلال الافتراس ، يمكن أن تتطفل على النباتات أو الحيوانات	منظمات بيولوجية ، أو ملتهمات الميكروبات أو مفترسات دقيقة

41

3	ميزوفونا (Mesofauna)	تفتيت المواد العضوية وافتراس الحيوانات الدقيقة	آكلات الحتات (Detritivores) أو محولات الركام (litter transformers)
4	ماكروفونا (Macrofauna)	تفتت المادة العضوية وتعديل بنية التربة وبعضها من الحيوانات المفترسة	مهندسي النظم البيئية

6. العوامل المؤثرة في سكان الرايزوسفير:

تأثير النبات

بالمقارنة مع التربة السائبة، فإن عدد الميكروبات في الريزوسفير يكون دائمًا أعلى بشكل كبير بسبب تأثير النبات. هناك أيضًا تغييرات في التنوع البيولوجي للكائنات الدقيقة الناتجة عن "تأثير الجذور" مثل أي تغير فيزيائي أو كيميائي أو بيولوجي يحدث داخل مجال الجذر، أو بشكل غير مباشر عن طريق إفرازاته والحطام العضوي الناتج عن توسف وانسلاخ خلايا البشرية الميتة.

تلعب الجينات دورًا مهمًا في التفاعل بين النبات والميكروبات المفيدة التكافلية (وربما غير المتكافلة)، كما يتضح من الاختلافات الملحوظة في استجابة الأصناف النباتية المختلفة لنفس الميكروب المدخل. يؤثر التركيب الوراثي للنبات على الاستجابة للتلقيح بال PGPR لأنه يؤثر

على استعمار الجذور بواسطة البكتيريا المدخلة أيضًا على الحجم الإجمالي للمجتمعات الميكروبية في النبات، وربما يؤثر أيضًا على تكوين تلك المجتمعات.

العوامل غير الحيوية

الخصائص الفيزيائية والكيميائية للتربة (الأس الهيدروجيني والرطوبة وتوفر المياه، ودرجة الحرارة، كمون الأكسدة والاختزال، والملوحة، والقوام، واستقرار الركام، والخصوبة، ومحتوى المادة العضوية)، ووجود أو عدم وجود مبيدات الآفات والمواد الغريبة الحيوية الأخرى هي أمثلة على العوامل اللا أحيائية المعروفة التي يمكن أن تؤثر بشكل مباشر أو غير مباشر على نمو النبات وتفاعله مع التربة والحيوانات الدقيقة. يمكن أن تؤثر العوامل اللا أحيائية أيضًا بشكل مباشر على نشاط PGPR، وربما تأثيرها على نمو النبات وديناميكيات المجتمعات الميكروبية الجذرية.

الحيوانات الدقيقة للتربة (Soil Microfauna)

تلعب حيوانات التربة وظيفة مهمة في تنظيم العمليات الميكروبية في الرايزوسفير، وبالتالي تؤثر على نمو النبات. البروتوزوا هي مكونات أساسية للنظام البيئي للتربة وهي تستهلك بشكل عام أكثر من 50٪ من إنتاجية البكتيريا، مما يعزز دورات المغذيات وتدفق الطاقة لصالح الميكروبات والنباتات والحيوانات.

هناك حوالي 1600 نوع معروف من الأوالي أي البروتوزوا يعيش في بيئة التربة، ولكن كما أشارت الدراسات مع الهدبيات ciliates، تمثل حوالي 20 إلى 30٪ من الأنواع الموجودة بالفعل، معظمها لا يزال غير موصوفا.

يبدو أن بنية المجتمع البكتيري للجذور يتم توسطها عن طريق رعي الأوالي، ولا سيما عن طريق الأميبا العارية، والتي تعد أهم أنواع الرعي البكتيري في التربة. كما أحدث وجود الأميبات .Acanthamoeba sp تغييرات محتثة في مورفولوجيا جذر الجرجير (Lepidium sativum L.).

لوحظ أيضا ازدياد استعمار الجذور بواسطة PGPR المختبَر بشكل كبير بسبب وجود الديدان الخيطية. عند تطوير لقاحات نباتية جديدة تحتوي على PGPR ، يجب عدم إغفال تأثير حيوانات التربة. وعليه فإن إمكانية تطوير لقاح مختلط يحتوي على سبيل المثال البروتوزوا المفيدة ينبغي النظر فيه وإجراء مزيد من التحقيقات والتحليلات العميقة.

7. العوامل المؤثرة في استيطان الجذور:

جدول (15): العوامل المؤثرة أو المتحكمة في استعمار أو استيطان الجذور

م	العوامل الرئيسية	العوامل المفصلة
1	العوامل الميكروبية و الميكروفونية (Microbial/macrofaunal factors)	تنوع المتطلبات الغذائية معدل النمو الأولي السريع السليولاز المعزز أو إنتاج الإنزيمات الأخرى

		إنتاج المضادات الحيوية تأثيرال Chromophore على التغذية المعدنية الصفات الفسيولوجية الفريدة تحمل المضادات الحيوية ومبيدات الفطريات أو المواد الكيميائية الأخرى
2	العوامل النباتية (Plant factors)	الأنواع النباتية / الصنف عمر النبات والجذر الأماكن الشاغرة في التربة، أو الرايزوسفير، أوسطح الجذور علم الوراثة النباتية المعدلة العلاجات الورقية مبيدات الآفات التي توضع في التربة أنماط النضح أو الأفراز تسلسل المحاصيل والدورة الزراعية
3	العوامل البيئية (Environmental factors)	الرقم الهيدروجيني نوع التربة قوام التربة مسامية التربة وضغطها أو تراصها رطوبة التربة جو التربة درجة الحرارة توافر O_2 الخصوبة والمواد العضوية والعناصر الغذائية المتاحة استخدام المبيدات الحشرية ومبيدات الأعشاب

8. طرق دراسة الرايزوسفير:

تتراوح طرق الدراسة من الاختبارات الميدانية لأنظمة الجذر والاختبارات المعملية باستخدام بيئات محاكاة لإجراء التجارب، مثل تحديد الأس الهيدروجيني.

تتضمن هذه الطرق مايلي:

- التسلسل النكليوتيدي عالي التدفق: والميتاجينوميك Metagenomics، والميتاترانس سكريبتومسكس Metatranscriptomics

- الطرق المعتمدة عل الزرع

- الغربلة أو الانتقاء عالي التدفق

- تصوير الجذر

- صندوق الجذر (Rhizobox)

- الوسم بالنظائر المشعة

- الاختبارات الإنزيمية

- كاميرا ريزوترون الصغيرة(Minirhizotron)

46

– وتشمل أيضا الطرق المختلفة لتحديد حركة المياه في منطقة الجذور، على سبيل المثال الأقطاب الدقيقة وتقنيات الأجار للأس الهيدروجيني وأخذ العينات الدقيقة لمواد ريزوسفير.

– كما يسمح مقياس الطيف الكتلي للتحلل الحراري بقياس طيف العثور على الأحماض الدبالية والفولفيك ومخلفات الاستخراج (الهومين) في الحقول الزراعية.

الباب الثاني: ميكروبيولوجيا الرايزوسفير

الفصل الأول: ميكروبات الرايزوسفير

1. ميكروبات الرايزوسفير:

تتميز تربة الجذور بعدد من الكائنات الحية الدقيقة أكبر من التربة البعيدة عن جذور النباتات، إذ تعتمد شدة تأثيرات الجذور على المسافة التي يمكن أن تنتشر فيها إفرازات الجذر، ويتناقص عدد الكائنات الحية الدقيقة باستمرار مع زيادة المسافة من جذر النبات يشير مصطلح ريزوسفير إلى نسبة التربة (R: S) إلى عدد الميكروبات في تربة الجذور مقسومًا على عدد الميكروبات في التربة الخالية من جذور النبات.

نسبة R: S أكبر للبكتيريا (20: 1) وأقل للفطريات والفطريات الشعاعية، تأثير الجذور يكاد يكون ضئيلا بالنسبة للطحالب والأوليات. ذلك لأن الطحالب تقوم بعملية التمثيل الضوئي ولا تعتمد على المواد العضوية الموجودة في إفرازات الجذور، من ناحية أخرى لا تستطيع معظم البكتيريا الاستفادة نسبيًا من المواد العضوية للتربة وتعتمد على المواد القابلة للتحلل المتاحة بسهولة من إفرازات الجذر. لذلك فإن عدد البكتيريا مرتفع بشكل استثنائي في منطقة الجذور.

2. التقسيم العام لميكروبات الرايزوسفير:

تم العثور على عدد كبير من البكتيريا والفطريات والفطريات الشعاعية في الرايزوسفير.

48

أولا: بكتيريا:

تم العثور على العديد من البكتيريا المثبتة للنيتروجين والمذوبة للفوسفات والبكتيريا الأخرى.

مثل *Pseudomonas* ،: *Arthrobacter* ،*Azotobacter* ،*Agrobacterium* ،*Flavobacterium* ،*Cellulomonas* ،*Rhizobium* ،*Clostridium* إلخ.

ثانيا. الفطريات:

تم العثور على بعض الفطريات المرتبطة بتكوين الجذور مكونة الفطريات الجذرية والبعض الآخر يوجد حرا في التربة.

على سبيل المثال *Marticella* ،: *Cephalosporium* ،*Tricoderma* ،*Penicillium* ،*Gliodadium* ،*Gliomastix* ،*Fusorium* إلخ.

ثالثا. البكتيريا الشعاعية أو الأكتينوميسيتيس: فرانكيا، ديركسيا، إلخ

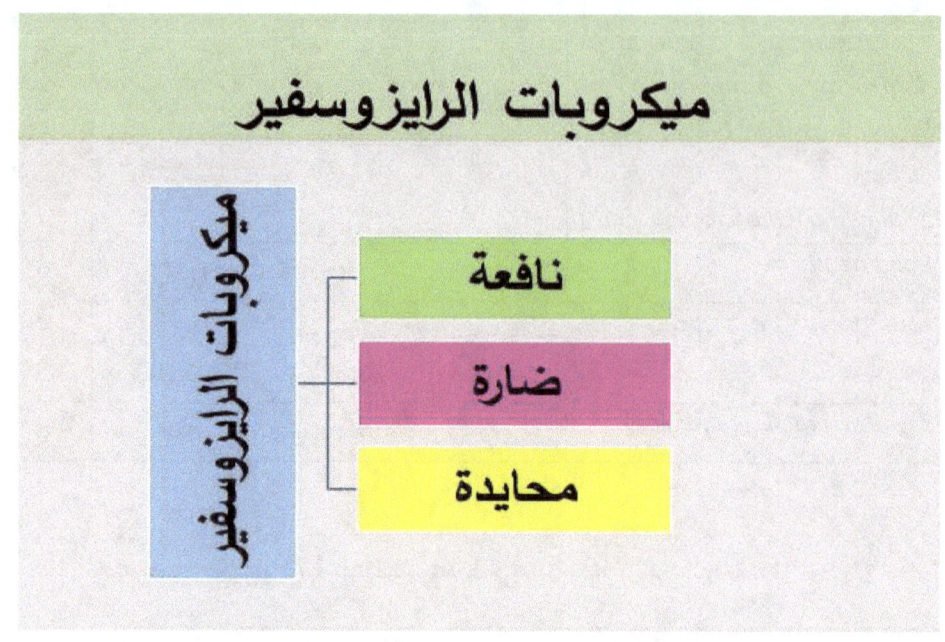

جدول(16): أهم الميكروبات الممرضة للجذور

م	المرض الجذري	المسبب
1	الذبول الفيوزاريومي أوتعفن جذر الفيوزاريومي (Fusarium root rot Fusarium wilt or)	*Fusarium oxysporum, F. redolens,F. solani*
2	الذبول الفرتيسيليومي (*Verticillium wilt*)	*Verticillium dahliae*
3	النقطة السوداء أو تعفن الفحم (Black dot or charcoal rot)	*Macrophomina phaseolina*
4	عفن الجذور (Root rot)	*Cylindrocarpon destructans, Phytophthora cinnamomic, Aphanomyces euteiches , Pythium species ,*

Thanatephorus cucumeris (Rhizoctonia solani)		
Pythium species, Phytophthora nicotianae , Thanatephorus cucumeris (Rhizoctonia solani)	ذبول الشتلات (Seedling damping – off)	5
Polymyxa betae	رايزومانيا (Rhizomania)	6
Plasmodiophora brassicae	مرض الجذر الصولجاني في الصليبيات (Clubroot)	7
Armillaria mellea sensu lato	عفن جذور الأشجار (Tree root rot)	8

جدول (17): تقسيم عام لميكروبات الرايزوسفير النافعة

الميكروبات الجذرية المعززة لنمو النبات		م
الفطريات الجذرية (Mycorrhizae)		1
فطريات داخل جذرية خاصة (Special root endophytes)	إند وميكوريزا	إكتوميكوريزا
Piriformospora indica, Harpophora oryzae, Phialocephala fortinii	Neotyphodium / Epichloë, Gilmaniella sp., Phomopsis liquidambari, Curvularia protuberata	Glomus intraradices, Gigaspora margarita, Laccaria bicolor
الأكتينومايسيتات الجذرية (Actinorhiza)		2
Frankia cluster I	Frankia cluster II	Frankia cluster III

51

التعايش الأكتينوريزي بناء على خصوصية المضيف						
3	البكتيريا الجذرية(Rhizobacteria)					
خارج جذرية					داخل جذرية	
مثبتة للنيتروجين (غير عقدية)		البكتيريا الوظيفية المرافقة للجذر (plant-associated functional bacteria)	مثبتة للنيتروجين(عقدية)		البكتيريا الوظيفية المرافقة للجذر (plant-associated functional bacteria)	البكتيريا المساعدة للفطريات الجذرية (mycorrhization helper bacteria (MHB))
حرة	مرافقة		بقولية (legume rhizobia)	غيربقولية (non-legume rhizobia)		*Pseudomonas and Bacillus*
Acetobacter diazotrophicus Herbaspirillum Azospirillum		α-rhizobia *Rhizobium Sinorhizobium Azorhizobium Mesorhizobium Bradyrhizobium Devosia*	*β-rhizobia* *Cupriavidus Burkholderia*	*Rhizobium etli and Rhizobium tropici are endophytic bacteria of maize. Third, Bradyrhizobium spp., Azorhizobium caulinodans, and Rhziobium leguminosarum bv. trifolii are*		

		found with rice				

3. أهمية وفوائد ميكروبات الرايزوسفير

1. تعزيز نمو النبات من خلال الحفاظ على خصوبة التربة: الفطريات الجذرية والبكتيريا الشعاعية تنتج مجموعة متنوعة من المواد المعززة لنمو النبات النمو، بما في ذلك الأكسينات والجبريلينات.

2. تعمل كمبيدات بيولوجية: فهي تقتل فقط الآفات المسببة للأمراض وليست ضارة بالإنسان والنباتات الأخرى على سبيل المثال *Bacillus*، و *Trichoderma* و *Pseudomonas*

3. تعمل بصفتها أسمدة حيوية: بكتريا الريزوبيوم *Azotobacter*، *Azospirillum* تعتبر اسمدة نيتروجينية تزيد من إنتاجية المحاصيل .

4. تثبت نيتروجين الغلاف الجوي ببكتيريا *Azotobacter* و*Azospirilium* حرة المعيشة أو المتكافلة كالرزوبيا.

5. تحلل المخلفات العضوية: ويتم ذلك عن طريق بكتيريا *Lactobacili* و *Rhizobium*

6. إعادة تدوير المغذيات النباتية: أمثلة من الميكروبات التي تؤدي ذلك النشاط هي *Achromobacter*و *Azotobacter* و *Pseudomonas* و *Actinobacter*

7. إنتاج المضادات الحيوية والأدوية: على سبيل المثال *Bacillus and Streptomyces*

8. تدوير الكربون: يتم تحقيق ذلك عن طريق تحلل المواد النباتية والحيوانية مما يؤدي إلى أكسدة الكربوهيدرات للحصول على الطاقة وإطلاق الكربون المخزن في الغلاف الجوي مثل أكسيد الكربون ، واقتناصه من جديد من طرف البكتيريا الزرقاء المخضرة.

9. التخلص من مياه الصرف الصحي عن طريق التحلل: وهذا يساعد في الإصحاح البيئي ، على سبيل المثال *Bacillus* و *Methanococcus*

4. العوامل المتحكمة في ميكروبات الرايزوسفير:

جدول(18): العوامل المتحكمة في ميكروبات الرايزوسفير

م	العامل المؤثر	التفسير
1	قرب التربة من الجذر	يكون عدد الكائنات الحية الجذرية أكبر بالقرب من الجذر ويتناقص عددها باستمرار مع زيادة المسافة من الجذر. وذلك لأن تركيز المادة العضوية المنبعثة من الجذر في الإفرازات يتناقص مع زيادة المسافة من الجذر.
2	درجة الحرارة وشدة الضوء	تقلل درجة الحرارة المنخفضة وشدة الضوء المنخفضة من معدل إفراز الإفرازات من الجذر بحيث يتناقص عدد الكائنات الحية في الجذور. من ناحية أخرى، يزداد عدد الميكروبات في غلاف الجذور عندما تزداد درجة الحرارة وشدة الضوء مع ارتفاع معدل التكاثر.
3	نوع التربة	تؤثر أنواع التربة أيضًا على ميكروبات الرايزوسفير. فمثلا؛ نسبة *R: S* عالية جدًا في التربة الرملية ومنخفضة في التربة الطينية. ذلك لأن التربة الرملية تحتوي على القليل جدًا من المواد العضوية أو لا تحتوي على مواد عضوية، ومنطقة الجذر هي المكان الوحيد الذي تتوفر فيه المواد العضوية ويمكن أن تنمو الكائنات الحية الدقيقة. لذلك، فإن عدد الميكروبات مرتفع حول الجذر في التربة الرملية. من ناحية أخرى، في التربة الخصبة مثل التربة الطينية، تكون المادة العضوية متاحة بما يكفي للنمو، لذلك لا تحتاج الكائنات الحية الدقيقة إلى الاعتماد على الإفرازات الجذرية للنمو.

4	عمر النبات	مع عمر النبات، يتم تغيير معدل إفراز الإفرازات بحيث يتغير عدد الميكروبات الجذرية
5	أنواع النبات وموقع الجذر	يؤثر موقع الجذر على عدد الميكروبات الجذرية. غطاء الجذر ومناطق الجذر من حيث ينشأ الجذر الجانبي هي مواقع أساسية لإفراز الإفرازات. لذلك، فإن عدد الميكروبات مرتفع نسبيًا حول هذه المواقع. كمية ونوع الإفرازات تختلف باختلاف أنواع النباتات التي تؤثر على نمو ميكروبات غلاف الجذور. فمثلا؛ تطلق بعض جذور النبات مواد كيميائية مضادة للميكروبات مثل الجليكوسيدات وأحماض الهيدروسيانيك والعديد من العوامل المضادة للفطريات التي تمنع الميكروبات الجذرية.
6	عمق الجذر	بشكل عام، يتناقص عدد الكائنات الدقيقة في الجذور مع زيادة عمق الجذر، والذي يرجع أساسًا إلى الحالة اللاهوائية.
7	تنفس الجذر	يطلق جذر النبات ثاني أكسيد الكربون أثناء التنفس مما يجعل التربة حمضية. حموضة التربة تقلل من عدد بكتيريا ريزوسفير
8	درجة حموضة التربة	يصبح الرقم الهيدروجيني لمحيط الجذر حمضيًا بسبب تنفس الجذور وأكسدة الكبريت التي تسببها *Thiobacillus sp.* تحمض التربة الجذور يقلل من عدد الكائنات الحية الدقيقة.
9	المبيدات والمضادات الحيوية	رش المبيدات الحشرية والمضادات الحيوية على المحاصيل الزراعية يقلل من عدد الكائنات الحية في الجذور.

الفصل الثاني: ميكروبيوم الرايزوسفير

1. ميكروبيوم الجذور من أجل الاستدامة الزراعية

الضغوط البيئية الداعية لتقليل اعتمادنا على الكيماويات الزراعية وضرورة زيادة إنتاج المحاصيل بطريقة مستدامة دفعنا إلى الاهتمام بدراسات ميكروبيوم الجذور بوصفها موردا غير مستغل لمكافحة تحديات الاستدامة الزراعية. في السنوات الأخيرة، بُذلت جهود كبيرة لتوصيف التنوع التركيبي والوظيفي للميكروبيوم جذور نبات نموذجي Arabidopsis *thaliana*، كما تم الكشف عن آليات ميكروبيوم الريزوسفير والعوامل الدافعة لتشكيله بوصفه مجتمعا كاملا بدلاً من بكتريا جذرية فردية. وكذا الفوائد التي يقدمها ميكروبيوم الريزوسفير من أجل صحة ولياقة وإنتاجية النبات، وأثبتت هذه الدراسات نجاعتها على باقي المحاصيل. وبالرغم من حداثة وعدم اكتمال دراسات الميكروبيوم الجذري إلا أنها تعتبر واعدة جدا للاستدامة الزراعية في ظل تحديات وانعكاسات تغير المناخ والاحتباس الحراري.

2. الاتحادات الميكروبية (Microbial consortia) في الرايزوسفير

الكائنات الدقيقة في الرايزوسفير مثل البكتيريا المعززة لنمو النبات (PGPB)، والفطريات الجذرية الشجرية (AMF)، والفطريات من جنس *Trichoderma sp.*. يمكن أن تُنشئ تفاعلات مفيدة مع النباتات، وتعزز نموها وتطورها، وتزيد من نظم دفاعها ضد مسببات الأمراض، وتعزز امتصاص المغذيات، وتقوي تحملها للضغوط البيئية المختلفة. يمكن أن تؤثر

ميكروبات الرايزوسفير بعضها على البعض، وقد يكون لاتحادات البكتيريا المعززة لنمو النبات والبكتيريا مثبتة للنيتروجين مثل .*Rhizobium* sp و*Pseudomonas fluorescens*، و AMF و PGPB + *Trichoderma* و PGPB + تأثيرات تآزرية على نمو النبات ولياقته، مما يوفر للنبات فوائد معززة للتغلب على الإجهاد الحيوي واللاحيوي.

3. العوامل المتحكمة في تشكيل ميكروبيوم الريزوسفير:

أظهرت العديد من الدراسات أن التكوين والوفرة النسبية للميكروبات في الريزوسفير يتحكم فيها بالدرجة الأولى نوع النبات ثم جغرافيا الموقع أي تربته، أما تشكيل وتجميع الميكروبيوم الجذري تحكمه:

- العوامل اللا أحيائية لخصائص التربة (الخصائص الفيزيائية والكيميائية مثل درجة حموضة التربة، وتوافر المغذيات، ورطوبة التربة ودرجة الحرارة، بين أنواع التربة المختلفة أو على أنماط طول المسافة البيوجغرافية إضافة للأنشطة البشرية، كممارسات الإدارة الزراعية والمناخ. وأظهرت الدراسات أن نوع التربة هو العامل المشكل للمجتمعات البكتيرية للجذور؛ في حين أن المناخ هو الأكثر أهمية في تشكيل المجتمعات الفطرية للجذور.

-العوامل الحيوية للأنواع النباتية (التركيب الوراثي للنبات، مفرزات الجذر من نواتج أيض أولي وثانوي وهرمونات نباتية).

- مناعة النبات (الأنماط الجزيئية المناعية المرتبطة بالميكروبات-immunogenic microbe associated molecular patterns (MAMPs)) التي توجد في كل من مسببات الأمراض النباتية والميكروبات النافعة أيضا، مما يشير إلى قدرة هذه الميكروبات على تحفيز استجابات مناعية في النباتات المضيفة، والمعروفة باسم المناعة المحفزة بالأنماط الجزيئية المناعية المرتبطة بالميكروبات MAMP (MTI) MAMP-triggered immunity. بالإضافة الى المناعة أو المقاومة الجهازية المحتثة والمناعة الفطرية النباتية.

-التفاعلات الحيوية

4. تأثير الممارسات الزراعية على ميكروبيوم الريزوسفير

الممارسات الزراعية لها تأثير سلبي ملحوظ على ميكروبيوم ريزوسفير النباتات. فمثلا تطبيق الكيماويات الزراعية، بما في ذلك مبيدات الفطريات والتطهير الكيميائي للتربة المستخدم لقمع مسببات الأمراض الميكروبية، وهذا يربك وقد يعطل التوازن الديناميكي للمجتمع الميكروبي ووظائفه. كما تؤدي الزراعة الأحادية المستمرة وحرث التربة إلى تقليل التنوع الميكروبي في التربة والريزوسفير.

ستكون الممارسات الزراعية الدقيقة التي تدمج وظيفة الميكروبيوم –كالتناوب أو الزراعة البينية، تلقيح الخلائط الميكروبية المفيدة كمثبتات النيتروجين ومذيبات الفوسفات الى جانب تطبيق

تعديلات التربة العضوية–نهجًا واعدًا لمستقبل الممارسات الزراعية المستدامة والمعززة لتنوع المحاصيل والساعية إلى ترسيخ الاستراتيجيات المعدلة للميكروبيوم الجذري في الاتجاه المطلوب.

5. هندسة الرايزوسفير (Rhizoengineering):

ترتبط بنية الجذر ارتباطًا وثيقًا وتتشكل من خلال توفر العناصر الغذائية، ولا سيما النترات والفوسفات. تكتسب استراتيجيات تعزيز حيازة الموارد في المحاصيل أهمية متزايدة لتأمين إنتاج غذائي مستدام، وقد ركزت مثل هذه الاستراتيجيات مؤخرًا على السمات الجذرية بهدف الاستخدام الأكثر كفاءة لموارد التربة التي من شأنها أن تسهل الانتقال من الزراعة القائمة على الزراعة الأحادية عالية المدخلات إلى النظم البيئية الزراعية المنتجة والمستدامة ذات المدخلات المنخفضة، والبحث عن الموارد وإمكانية استغلال المتغيرات الطبيعية في السلالات البرية أو الأقارب البرية للمحاصيل لبرامج التربية بهدف إنتاج محاصيل ذات سمات جذرية تسمح بأداء أكثر مرونة عند مواجهة الضغوط البيئية كنقص الفوسفات، لهذا يعتبر النيتروجين الذي يتم تناوله بشكل أساسي على شكل نترات، من العناصر الغذائية الأساسية الأخرى التي تؤثر بشدة على بنية الجذور ،وهو أمر بالغ الأهمية بالنسبة للنباتات الموالية للإنتاجية؛ إذ إن تعديل تطور الجذور من خلال توافر N له أهمية زراعية كبيرة وفهمه يوفر الأساس لتوليد أصول نباتية مع تحسين هندسة الجذر والتي تتمحور عموما على ثلاث أركان.

أولها: هندسة النبات من خلال التقنيات الوراثية والجزيئية المتاحة؛ كالانتقاء الوراثي لأحسن الأصناف إنتاجيا وأكثرها تكيفا مع الضغوط البيئية المتقلبة، الى جانب استخدام مخرجات تقنيات وعلوم الأوميك للفهم المفصل لفسلجة النبات وطرق تكيفه، فمثلا بالتركيز بشكل خاص على نظام جذر البقول، نتج عن نقص النترات ظهور ما يقرب من 2000 جين تم تمييز أقلية منها وظيفيًا.

ثانيها: هندسة الميكروبات الجذرية وذلك من خلال دراسات الرايزومايكروبيوميك لتحديد أحسن التوليفات الميكروبية الملائمة لتعزيز نمو النبات خاصة تحت الضغوط الحيوية واللاحيوية

ثالثا: هندسة التربة: وذلك من خلال تحسين الخواص الفيزيائية والكيميائية وكذا البيولوجية للتربة وتعزيز انتاجيتها من خلال تجارب الكومبوستينغ بمختلف أشكاله وإضافة المخصبات الحيوية واستخدام طرق الزراعة العضوية المستدامة.

أركان هندسة الرايزوسفير

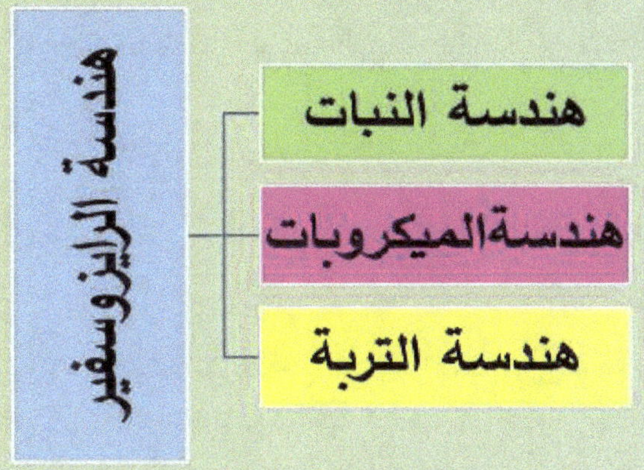

هندسة الرايزوسفير	هندسة النبات
	هندسة الميكروبات
	هندسة التربة

الفصل الثالث: الميكروبات الجذرية المعززة لنمو النبات

الميكروبات الجذرية المعززة لنمو النبات:

أهم المجاميع الميكروبية الفاعلة والمؤثرة إيجابا على الرايزوسفير والمعززة لنمو النبات هي الميكورايزا والأكتينورايزا والرايزوبكتيريا، وهي ملخصة ومفصلة في الجدول أدناه

جدول (19): شعب وأصناف البكتيريا والفطريات الجذرية المعززة لنمو النبات

Domain النطاق	Phylum/Division الشعبة/قسم	Class الصنف
Bacteria البكتيريا	Cyanobacteria	Cyanobacteria
	Bacteroidetes	Flavobacteria Cytophagia,
	Firmicutes	Bacilli
		Clostridia
	Proteobacteria	Alpha Proteobacteria
		Beta Proteobacteria
		Gamma Proteobacteria

	Actinobacteria	Actinobacteria
Archaea	**uncultured Archaea Crenarchaea Euryarchaea**	Sulfolobus Haloarchaea
Eukaryota /Fungi الفطريات	**Glomeromycota**	Glomeromycetes
	Ascomycota	Dothideomycetes Eurotiomycetes Sordariomycetes
	Basidiomycota	Agaricomycetes
	Mortierellomycotina	ND

1. الفطريات الجذرية المعززة لنمو النبات

تُعرف الفطريات الجذرية بأنها تلك العلاقة المفيدة أو التكافلية بين الفطريات وجذور نباتها المضيف، هذه العلاقة هي عدوى طبيعية لنظام جذر النبات الذي يمد النبات فيه الفطر بالسكريات والكربون ويتلقى الماء و / أو المغذيات من الفطر. هذا النوع من العلاقة موجود منذ بدأ النباتات النمو على الأرض منذ حوالي 400 إلى 500 مليون سنة.وهناك عدة آلاف من الأنواع المختلفة من الفطريات الجذرية

تشير التقديرات إلى أن 80-90٪ من النباتات مستعمرة بالميكوريزا في الطبيعة، وتصنف الفطريات الجذرية اعتمادًا على آليات استعمارها، بما في ذلك الفطريات الجذرية الداخلية endomycorrhiza والمعروفة أيضًا باسم الفطريات الفطرية الشجيرية arbuscular mycorrhizal fungi, AMFs)، الفطريات الجذرية الحويصلية (vesicular arbuscular mycorrhizas VAM)، والفطريات الجذرية الخارجية (ECMs) ectomycorrhiza. في حين أن AMFs تستعمر النباتات عن طريق اختراق منطقة قشرة الجذر وتمديد خيوطها خارج الجذر، تعيش ECM فقط خارج سطح الجذر، وتحيط بقشرة الجذر. ومع ذلك، يمكن أن تخترق خيوطها أحيانًا الخلايا النباتية؛ في هذه الحالة، تسمى هذه ectendomycorrhiza. بالإضافة إلى ذلك، يختلف الوضع التصنيفي لهذه الفطريات أيضًا، نظرًا لأن معظم AMFs تنتمي إلى قسم Glomeromycota، وECMs تنتمي إلى Basidiomycota وAscomycota و Zygomycota.

جدول (20): تصنيف الفطريات الجذرية حسب Schüßler & Walker (2010)

وRedecker et al. (2013)

Phylum الشعبة	**Class الصنف**
Glomeromycota	Glomeromycetes

الرتب Orders	العوائل Families	الأجناس Genera
Glomerales	Glomeraceae	Glomus Funneliformis (former Glomus Group Aa, Glomus mosseae) Rhizophagus (former Glomus Group Ab, Glomus intraradices) Sclerocystis (based in former Glomus Group Aa) Septoglomus
	Claroideoglomeraceae	Clairoideoglomus (former Glomus Group B, Glomus claroideum)
Diversisporales	Gigasporaceae	Cetraspora Dentiscutata Gigaspora Intraomatospora (insufficient evidence, but no formal action was taken) Paradentiscutata (insufficient evidence, but no formal action was taken) Racocetra Scutellospora

65

	Acaulosporaceae	*Acaulospora (including the former Kuklospora)*
	Pacisporaceae	*Pacispora*
	Diversisporaceae	*Corymbiglomus (insufficient evidence, but no formal action was taken) Diversispora (former Glomus Group C) Otospora (insufficient evidence, but no formal action was taken)* *Redeckera* *Tricispora (insufficient evidence, but no formal action was taken)*
	Sacculosporaceae	*Sacculospora (insufficient evidence, but no formal action was taken)*
Paraglomerales	*Paraglomeraceae*	*Paraglomus*
Archaeosporales	*Geosiphonaceae*	*Geosiphon*
	Ambisporaceae	*Ambispora*
	Archaeosporaceae	*Archaeospora (including the former Intraspora)*

66

التراكيب التشريحية للميكوريزا الداخلية والخارجية

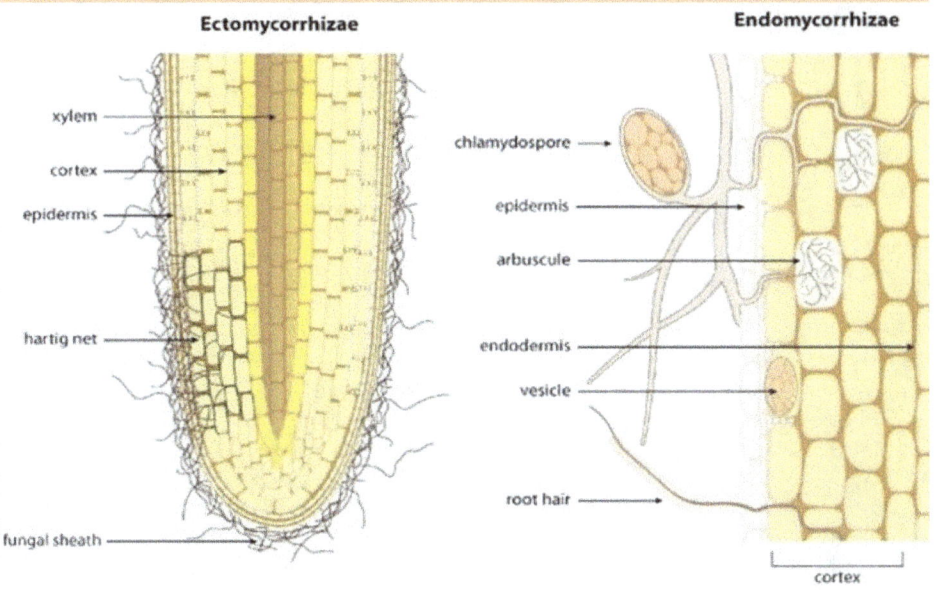

التراكيب التشريحية لأنواع مختلفة للميكوريزا

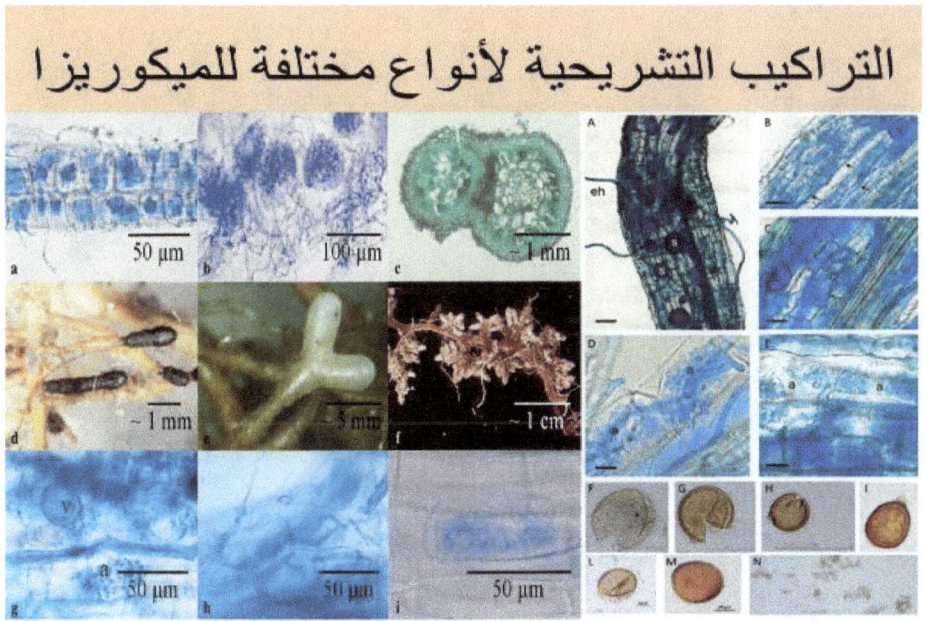

67

تأثير الميكوريزا على المجموع الجذري

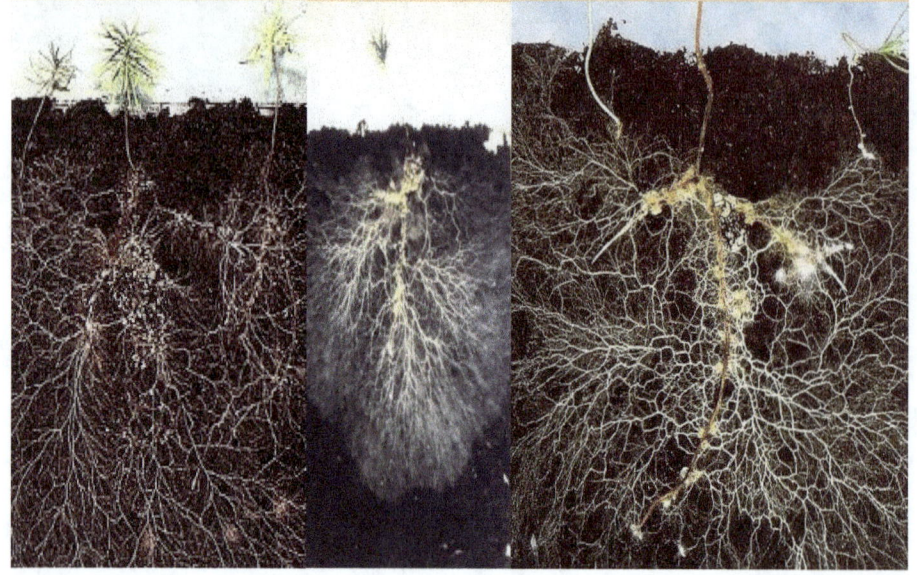

يتسبب استعمار الفطريات الجذرية في إحداث العديد من التغييرات في النباتات المضيفة التي يتأثر نموها بشكل إيجابي. من بين هذه التغييرات ، يتم تنظيم أكثر من 500 جينة مشفرة للبروتين بشكل تفاضلي ، بما في ذلك ناقلات المغذيات كالناقلات الفوسفاتية والأمونيوم ، وتحسين التغذية N و P ، ويتم إنتاج تغيير التمثيل الغذائي المعمم في النباتات المضيفة ، التي تحتوي على بعض الهرمونات النباتية مثل الإيثيلين ، حمض الأبسيسيك، SA ، أو jasmonates ، والتي لها دور مهم في استعمار الفطريات الجذرية وتعزيز نمو النبات علاوة على ذلك ، يمكن أن تعزز الفطريات الجذرية أيضًا نمو النبات عن طريق تعديل الإمكانات التناضحية ، وتعزيز معدل التمثيل الضوئي ، وتخفيف تأثير المواد الكيميائية الأليلية، وزيادة المقاومة ضد الضغوط

68

المختلفة الحيوية وغير الحيوية. في هذه الحالة، تم الإبلاغ عن AMFs أيضًا كمسؤول عن تعديل بنية الجذر، أو تعزيز أنظمة مضادات الأكسدة الأنزيمية وغير الأنزيمية، أو زيادة كفاءة استخدام المياه.

فوائد الفطريات الجذرية:

الفائدة الرئيسية التي توفرها الفطريات الجذرية للنبات هي الوصول إلى كمية كبيرة من الماء والمواد المغذية (خاصة النيتروجين، الفوسفور والزنك والمنغنيز والنحاس). وهذا يعزى لكون أن الهايفات الفطرية تزيد من المساحة السطحية لامتصاص الجذر نظرا لصغر في قطرها مقارنة بخيوط الجذور وبهذا يمكنها الوصول لمناطق لا تطالها الجذور.

تشمل الفوائد الأخرى التي توفرها الفطريات الجذرية ما يلي:

جدول (21): فوائد الفطريات الجذرية

م	فوائد الفطريات الجذرية
1	تحسين امتصاص والمغذيات خاصة المعدنية
2	زيادة مقاومة مسببات الأمراض
3	زيادة تحمل إجهاد الجفاف والملوحة
4	نجاح أعلى في الاستزراع

69

5	زيادة غلة المحاصيل مع زيادة الإزهار
6	زيادة امتصاص الماء والعناصر الغذائية
7	تحسين بنية التربة وخصائصها

جدول (22): أمثلة عن الآثار الإيجابية للفطريات الجذرية في النباتات المعرضة لظروف الإجهاد اللا أحيائي مقتبس عن (vives-Peris, et al., (2020

م	نوع الإجهاد	الفطر الجذري	النبات المستفيد
1	الملوحة	*Glomus iranicum*	*Lactuca sativa (lettuce)*الخس
		Rhizophagus irregularis	*Triticum aestivum (wheat)*القمح
2	الجفاف	*Rhizophagus intraradices*	*Punica granatum (pomegranate)*الرمان
3	الفيضان	*Gigaspora margarita*	*Prunus persica (peach)*الخوخ
4	البرد	*Funneliformis mosseae*	*Solanum lycopersicum (tomato)*الطماطم
5	الحرارة	*Glomus fasciculatum*	*Cyclamen persicum (cyclamen)*السيكلامان
6	الكاديميوم	*Glomus versiforme*	*Lonicera japonica*

الجدول (23). قائمة جزئية للنباتات المستفيدة من الإندوميكوريزا https://www.bio-organics.com

النباتات المستفيدة من الإندوميكوريزا
Acacia ,Coral Tree, Lily ,Rhaphiolepis, Agapanthus, Corn, Locust ,Raspberry ,Alder ,Cotton, Mango, Redwood, Alfalfa, Cottonwood ,Magnolia, Rice ,Almond, Cow Pea ,Mahogany, Rose, Apple, Crab Tree ,Mahonia ,Russian Olive ,Apricot ,Cucumber ,Maples ,Ryegrass ,Artichoke, Currant, Marigold ,Sagebrush ,Ash, Cypress ,Melons ,Sequoia ,Asparagus ,Dogwood ,Mesquite ,Sorghum ,Avocado, Eggplant, Millet ,Sourwood ,Bamboo, Elm ,Morning Glory, Soybean, Banana, Euonymus, Mulberry, Squash ,Basil, Fern, Nasturtium ,Strawberry, Bayberry,, Fescue Okra, Sudan Grass, Bean ,Fig, Olive, Sugar Cane, Begonia ,Forsythia ,Onion, Sumac, Black Locust ,Fountain Grass, Pacific Yew ,Sunflower ,Blackberry ,Fuschia, Pampas Grass ,Sweet Potato ,Box Elder, Gardenia ,Palms, Sweet Gum ,Boxwood, Garlic, Papaya, Sycamore, Bulbs, Geranium, Passion Fruit, Tea ,Cactus, Grapes ,Paw Paw ,Tobacco, Camellia, Grass, Peas, Tomato, Carrot, Hemp ,Peach ,Violets, Cassava, Herbs, Peanut ,Watermelon, Ceanothus, Hibiscus, Pear ,Willow, Celery ,Holly, Pepper ,Wormwood, Cherry ,Impatiens, Pistachio ,Wheat, Chrysanthemum ,Jojoba ,Pittosporum, Yam, Citrus ,Juniper, Plum, Yucca, Coffee, Leeks ,Potatoes.

الجدول (24). قائمة جزئية للنباتات المستفيدة من استخدام الفطريات الخارجية (الإكتوميكوريزا).https://www.bio-organics.com

النباتات المستفيدة من الإكتوميكوريزا
Alder, Chestnut كستناء, Hickory, Pineصنوبر , Aspen, Cottonwood, Hemlock, Poplar, Basswood, Douglas Fir, Larch, Spruce سرو,Beech, Eucalyptus ,Linden, Walnut, Birch ,Filbert, Manzanita ,Willow, Burning Bush, Fir, Oakبلوط,Cedarارز, Hazelnutبندق ,Pecan

مجالات وطرق استخدام الفطريات الجذرية

تم تصميم الـMycorrhizae للعديد من الاستخدامات، بما في ذلك مزارع الكروم / البساتين، والمشاتل، والمزارعين التجاريين، والمناظر الطبيعية، أصحاب المنازل أو مشاريع استصلاح الأراضي. كما أن استخدام الفطريات الجذرية شائع أيضًا في الإنتاج العضوي.

من المهم ملاحظة أن الفطريات الجذرية يمكن العثور عليها في معظم أنواع التربة بشكل طبيعي، لذلك قد لا يكون من الضروري شراء الفطريات الجذرية.

يمكن العثور على الفطريات الجذرية على شكل حبيبات أو مسحوق أوفي محلول مركز. المنتجات تختلف في النوع والعدد وعدد الأبواغ الفطرية المستخدمة وكذلك التكلفة التي يمكن

أن تتراوح من بضعة دولارات إلى عدة مئات من الدولارات ويمكن شراؤها من مراكز الحدائق أو المشاتل أو عبر الإنترنت من شركات مثل Plant Success أو Bio Organics أو Soil Moist أوARBICO Organics.

يمكن أن يكون تطبيق الفطريات الفطرية في الإنتاج بطرق مختلفة (الشكل أدناه) كالعدوى المباشرة للعقل أو أثناء الزرع، أو دمجها في الوسائط أو التربة أو تطبيقها من خلال الري. معدلات التطبيق تختلف حسب المنتج ومنطقة التطبيق، ولكن يمكن أن تكون المعدلات أقل من 1 ملعقة صغيرة أو 50 مليلتر في حالة استخدام محلول سائل. معظم الفطريات الجذرية التجارية لا تتطلب منتجات الفطريات أي إعادة تطبيق؛ ومع ذلك، آخرون يوصون بتطبيقات إضافية بعد عدة أسابيع. يمكن أن يتكاثر اللقاح في ظروف مثالية، مثل إضافة النشارة والسماد مع تجنب الإفراط في الري والتسميد. ومع ذلك، قد يؤثر الري والحصاد وتناوب المحاصيل على مزيج الجذور والفطريات. كما يمكن لبعض الفطريات استعمار جذور جديدة في غضون أسبوع، في حين أن البعض الآخر قد يستغرق ما يصل إلى شهر.

73

طرق إضافة الميكوريزا

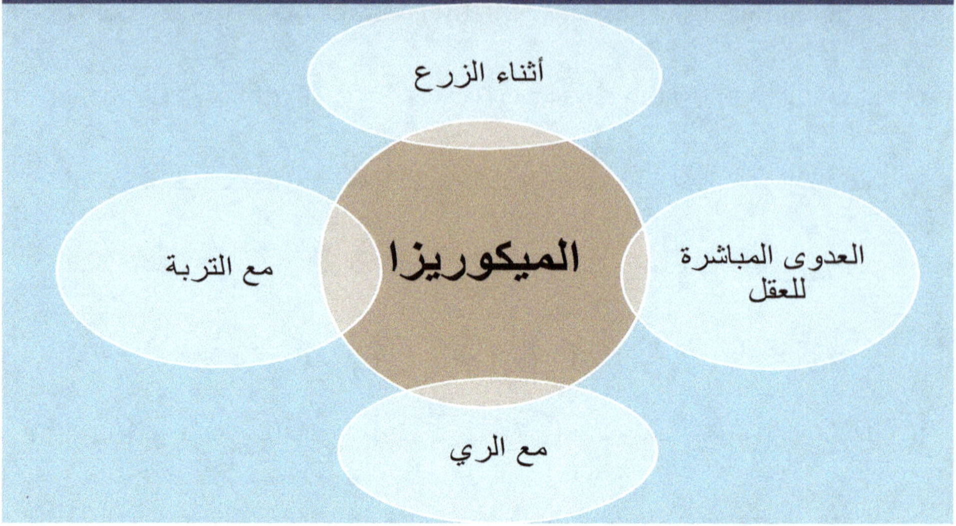

أثناء الزرع

مع التربة

الميكوريزا

العدوى المباشرة للعقل

مع الري

لقاحات تجارية للفطريات الجذرية للإستخدام الزراعي

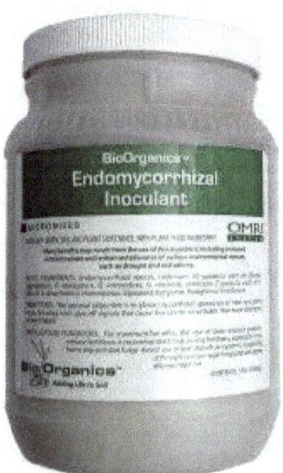
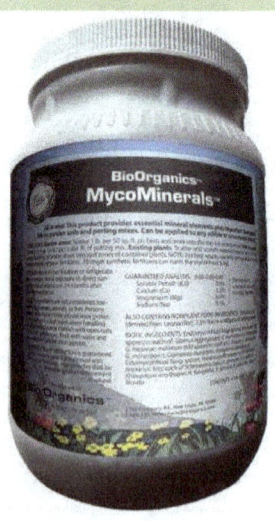

البكتيريا المساعدة للميكورايزا

ما يسمى بالبكتيريا المساعدة للميكورايزا (mycorrhiza helper bacteria- MHB) هي بكتيريا مفيدة ونافعة للميكورايزا الخارجية والداخلية. خدماتها المفيدة لا تقتصر على تسهيل استعمار الفطريات الجذرية أو تحفيز نمو هايفاتها، ولكن أيضًا من خلال تحفيز إنبات أبواغ الميكورايزا AMF. من بين الآليات المساعدة للفطريات الجذرية، تعديل تربة الرايزوسفير (تغير في الأس الهيدروجيني أو تكوين معقدات الأيونات بواسطة حاملات الحديد البكتيرية) وزيادة: تقبل الجذور (إنتاج مشابهات الهرمونات النباتية أو إنزيمات تليين جدار الخلية)؛ التعرف على فطريات الجذور. نمو الفطريات وإنبات التراكيب التكاثرية الفطرية (إنتاج الأحماض العضوية أو الأمينية، الفيتامينات، ثاني أكسيد الكربون، إلخ ...).

2. الأكتينومايسيتات الجذرية المعززة لنمو النبات

النباتات الأكتينوريزية

يتم تعريفها بوصفها مجموعة نباتية تكافلية من خلال قدرتها على تكوين عقد جذرية من قبل أكتينوميسيت فرانكيا المثبتة للنيتروجين. تمثل النباتات الأكتينوريزية (Actinorhizal plants) حوالي 230 نوع من ثنائيات الفلقة تشمل 25 جنسًا في 8 فصائل مختلفة من كاسيات البذور، في ثلاث رتب مختلفة: فاجال (Fagales)وروزال (Rosales)والقرعيات (Cucurbitales). في بعض العائلات، يتم تكوين العقد في جميع أفرادها *Coriariaceae* ، *Elaeagnaceae*و

Datiscaceae و Casuarinaceae بينما في حالات أخرى ، لا يوجد سوى جزء صغير من الأجناس معقودة Betulaceae و Myricaceae و Rhamnaceae و Rosaceae على الأقل حالة واحدة (درياس) ، يبدو أن تكوين العقد لا يمتد إلى جميع أعضاء جنس واحد . النباتات الأكتينية، باستثناء جنس Datisca ، خشبية كاسيات البذور ، معمرة موزعة على نطاق واسع في جميع أنحاء العالم باستثناء القارة القطبية الجنوبية.

أهمية الإيكولوجية للنباتات الأكتينوريزية:

تشكل الأشجار المثبتة للنيتروجين ذات الأكتينوريزا (أو الأشجار الأكتينوريزية)

مكونا رئيسا في العديد من النظم البيئية الطبيعية، والنظم الإيكولوجية الزراعية، والحراجة الزراعية أو النظم الغابية في العالم، والتي توفر مصدرًا مهمًا للنيتروجين الثابت في هذه النظم البيئية .

يتراوح تواجد الأشجار الأكتينوريزية من القطب الشمالي إلى المناطق الاستوائية

ومن شبه الصحراء إلى الغابات المطيرة. كما يمكن العثور عليها في النظم البيئية للغابات والمستنقعات والضفاف والشجيرات والبراري والصحاري. في انتقالها من المناخات الأكثر دفئًا إلى الباردة، وتصبح النباتات الأكتينية أكثر انتشارًا ويبدو أنها تملأ المكانة التي تهيمن عليها البقوليات الخشبية في المناطق الاستوائية.

الأشجار الأكتينية أقل عددًا بكثير من مجموعة كبيرة من مثبتات النيتروجين في الأشجار البقولية. ومع ذلك، فيمكنها تثبيت معدلات عالية من النيتروجين مماثلة لتلك الموجودة في البقوليات.

تُعرف الأنواع الأكتينية عادةً بأنها رائدة في التربة التي تعاني من نقص النيتروجين، وهي كذلك كثيرا ما توجد في المواقع القاسية، مثل الجليدية، والتربة البركانية الحديثة، والكثبان الرملية، والجروف القاسية والصحراء وبالتالي تعتبر النباتات الأكتينية ضرورية لدورة النيتروجين ولإعادة الغطاء النباتي لمختلف المناظر الطبيعية، وغالبًا ما يتم استخدامها لتثبيت الأراضي واستصلاح التربة.

فوائد زراعة النباتات الأكتينوريزية

الأشجار الأكتينية مهمة للأسباب التالية:

(أ) لا تقتصر قدرتها على تثبيت النيتروجين على عائلة واحدة ولكنها تتسع إلى أفراد ثمانية العائلات.

(ب) معظم الأشجار الأكتينية جيدة وأحيانًا تكون عدوانية فالمستعمرات منها تكون قادرة على تجديد التربة الفقيرة أو المواقع المضطربة والمتزايدة بسرعة في عديد البلدان الاستوائية.

(ج) الأشجار الأكتينية، خاصة *Casuarina* و *Alnus* ، لا تنتج فقط الأخشاب ولكن أيضًا الحطب والفحم ، وأحيانًا توفر المأوى للماشية ، وتستخدم في حماية واستعادة التربة المتدهورة . معظم الأشجار الأكتينية تعتبر نباتات رائدة ومن الأنواع الهامة شجرة النغت (Alnus) الذي ينمو في البيئات الرطبة، أو شمعية (Myrica) ، التي تنمو على الانهيارات الأرضية والمنحدرات المتآكلة والمناطق الملغومة، أو Casuarinas، التي تم تحديدها كأشجار مثبتة للنيتروجين للمواقع المعاكسة.

تتمتع أشجار الأكتينوريزية، بشكل عام، بأهمية عملية نظرا لسماتها المميزة، مثل الفوائد البيئية التي توفرها والتي تشمل فوائد تثبيت النيتروجين، وتظليل محاصيل القهوة والكاكا وفي المناطق الاستوائية وإنتاج الفحم والخشب الصلب. والتحكم في التعرية، والحفاظ على التربة، وتجديد التربة المتدهورة، والتخفيف من آثار تغير المناخ من خلال عزل الكربون، وتنظيم المناخ المحلي من خلال تأثير مصدات الرياح، والتلقيح، والتنوع البيولوجي والحفاظ على الحياة البرية. علاوة على هذا أبدت الأشجار الأكتينوريزية فوائد طبية كإنتاج مستحضرات طبية كالأسبرين من اللحاء كما أثبت خلط ثمار *Casuarina equisetifolia* مع مسحوق جوزة الطيب فعاليته في علاج آلام الأسنان.

كما يستخدم الرماد في صنع الصابون واللحاء الغني بالتانين ويقال إنه مضاد للزحار

ومطمث (emmenagogic)، ويستخدم أيضا في الغرغرة لالتهاب الحلق.

الأكتينوميسيت فرانكيا

فرانكيا هو بكتيريا شعاعية خيطية متفرعة إيجابية الجرام. لا يوجد الكثير من المعرفة حول فرانكيا

الكزوارينة : أشهر الأشجار الأكتينوريزية

التي تعيش بحرية في التربة.

تأتي معظم المعرفة من الشكل التكافلي أو العزلات المستزرعة من تثبيت N_2 في العقيدات.

يعرض *Frankia* ثلاثة تراكيب في المزارع النقية: هايفات خضرية للتضاعف والنمو والأكياس

البوغية (sporangia) للانتشار والحويصلات المعروفة كموقع لتثبيت النيتروجين. لا توجد

سلالة فرانكية خاصة بنبات أكتينوريزي مضيف واحد بل تم وصف الأنواع لحد الآن. ومع

ذلك، يتم ملاحظة خصوصية المضيف على مستويات مختلفة والمطابقة بين سلالات الفرانكيا

والنباتات أكتينوريزية لاتزال موارده مقترحة.

3. البكتيريا الجذرية المعززة لنمو النبات

البكتيريا الجذرية المعززة لنمو النبات هي بكتيريا التربة التي تعيش حول أو على سطح الجذر

عقد أكتينوريزية لبكتيريا الفرانكيا

وتشارك بشكل مباشر أو غير مباشر في تعزيز نمو النبات وتطوره من خلال إنتاج وإفراز مواد

كيميائية تنظيمية مختلفة في محيط الجذور. بشكل عام، تسهل البكتيريا الجذرية نمو النبات

بشكل مباشر؛ إما عن طريق المساعدة في اكتساب الموارد (النيتروجين والفوسفور والمعادن

الأساسية) أو تعديل مستويات هرمون النبات، أو بشكل غير مباشر عن طريق تقليل التأثيرات

المثبطة لمختلف مسببات الأمراض على نمو النبات وتطوره في ظروف المكافحة الحيوية. لقد

وثقت دراسات مختلفة زيادة صحة وإنتاجية الأنواع النباتية المختلفة من خلال تطبيق البكتيريا الجذرية المعززة لنمو النبات في الظروف العادية والظروف المجهدة على حد سواء. قد تقلل البكتيريا الجذرية المفيدة للنبات من الاعتماد العالمي على المواد الكيمو زراعية الخطرة التي تزعزع استقرار النظم الإيكولوجية والزراعية. في الواقع، تعد البكتيريا الموجودة حول / في جذور النبات (البكتيريا الجذرية) أكثر تنوعًا في تحويل العناصر الغذائية وتعبئتها وإذابتها مقارنة بتلك الموجودة في التربة السائبة لذلك، فإن البكتيريا الجذرية هي القوى المهيمنة على إعادة تدوير مغذيات التربة، وبالتالي فهي ضرورية لخصوبة التربة. في الوقت الحالي، تكتسب الأساليب البيولوجية لتحسين إنتاج المحاصيل مكانة قوية بين المهندسين الزراعيين وعلماء البيئة باتباع نظام متكامل لإدارة المغذيات النباتية.

خصائص البكتيريا الجذرية المعززة لنمو النبات المثالية

تعتبر خصائص سلالة ال PGPR المثالية إذا كانت تمتلك سمات معينة تعزز نمو النبات ويمكن أن تعزز ه عند التلقيح. تحتاج السلالة البكتيرية إلى امتلاك الانجذاب الكيميائي نحو إفرازات الجذور، والمركبات الوسيطة للتعلق (المواد اللاصقة، الأسواط والأهداب أو الخمل، وبروتينات سطح الخلية والسكريات المعقدة) والقدرة على استقلاب مركبات الإفرازات الجذرية. كما يجب أن تفي سلالة PGPR المثالية بالمعايير التالية:

81

جدول (25): معايير البكتيريا المعززة لنمو النبات المثالية

م	معايير البكتيريا المعززة لنمو النبات المثالية
1	يجب أن تكون عالية الكفاءة وصديقة للبيئة.
2	يجب أن تستعمر جذور النباتات بأعداد كبيرة عند التلقيح.
3	تعزيز نمو النبات.
4	يجب أن تظهر مجموعة واسعة من الفعاليات.
5	يجب أن تكون متوافقة مع البكتيريا الأخرى في الجذور
6	يجب أن تتحمل العوامل الفيزيائية والكيميائية مثل الحرارة والجفاف والإشعاعات والمواد المؤكسدة.
7	يجب أن تظهر مهارات تنافسية أفضل على المجتمعات الجذرية البكتيرية الحالية.

أنواع الدراسات الخاصة باختبار البكتيريا الجذرية المعززة لنمو النبات

تكون هذه الدراسات إما منفرد أو مجتمعة وتتم إما في:

- ظروف معقمة (Gnotobiotic conditions)

- عوالم مصغرة (Microcosmes)

- قطع صغيرة(Micro-plots)

- في المختبر

- الأوساط الزرعية

- الأوعية

- غرفة النمو

- البيت الأخضر

- الحقل

خطوات تطوير لقاحات الـ PGPR(inoculants)

تطوير اللقاحات (inoculants)القائمة على البكتيريا الجذرية المعززة لنمو النبات PGPR لم يتم تحديد ه بشكل صارم ودقيق ولكنه يتضمن بشكل عام الخطوات التالية:

جدول(26): خطوات تطوير لقاحات الـ PGPR(inoculants)

م	خطوات تطوير لقاحات الـ PGPR(inoculants)
1	عزل البكتيريا من الجذور أو الأنسجة النباتية الأخرى.
2	غربلتها في المختبر وفي بيئة النمو الخاضعة للرقابة.

83

3	الفرز الميداني لمجموعة من المحاصيل والمواقع الجغرافية ومواعيد الزراعة وأنواع التربة.
4	تقييم التوليفات الممكنة من السلالات و / أو الإشارات.
5	النظر في ممارسات الإدارة (على سبيل المثال، استخدام الكيماويات الزراعية والتناوب)
6	صقل وتنقيح المنتج
7	التجارب التي تؤكد غياب التأثيرات السمية البيئية.
8	تركيبة توصيل المنتج – على سبيل المثال ، مسحوق الخث أو الحبيبات أو السائل أو المسحوق القابل للبلل.
9	التسجيل والموافقة التنظيمية للمنتج.
10	المنتج متوفر في السوق

تصنيف البكتيريا الجذرية المعززة لنمو النبات

تجمعات ال PGPR تختلف في درجة قربها البكتيري من الجذر وفي قوة علاقتها مع النباتات المضيفة. بشكل عام ، يمكن تقسيمها إلى بكتيريا جذرية معززة لنمو النبات خارج خلوية (extracellular ePGPR) ، الموجودة في منطقة الجذور ، أو على الجذور ، أو في المسافات بين خلايا قشرة الجذر ، وداخل خلوية (intracellular iPGPR) ، والتي توجد داخل الخلايا الجذرية ، بشكل عام في الهياكل العقدية المتخصصة بعض الأمثلة على ePGPR هي: *Agrobacterium* و *Arthrobacter* و *Azotobacter* و *Azospirillum* و *Bacillus* و *Burkholderia* و *Caulobacter* و *Chromobacterium* و *Erwinia* و

Flavobacterium و *Micrococcous* و *Pseudomonas* و *Serratia* وما إلى ذلك وبالمثل ، فإن بعض الأمثلة على iPGPR هي *Allorhizobium* و *Bhattacharyya* و *Azorhizobium* و *Bradyrhizobium* و *Mesorhizobium* و *Rhizobium* *من عائلة* *Rhizobiaceae*. معظم البكتيريا الجذرية التي تنتمي إلى هذه المجموعة هي عصيات سالبة الجرام مع نسبة أقل من العصيات موجبة الجرام أو المكورات أو متعددة الأشكال. علاوة على ذلك، فإن العديد من الفطريات الشعاعية هي أيضًا أحد المكونات الرئيسية للمجتمعات الميكروبية للمحيط الجذري التي تعرض سمات مفيدة رائعة لنمو النبات من بينها، *Micromonospora* sp.، *Streptomyces spp.*، *Streptosporangium sp*. ، و *Thermobifida sp* . ، التي أظهرت إمكانات هائلة كعوامل للمكافحة الحيوية ضد مسببات الأمراض الفطرية الجذرية المختلفة .

البكتيريا الجذرية المعززة لنمو النبات

داخل خلوية

خارج خلوية

والجدير بالذكر ايضا ان سومرز وآخرون. (2004) صنفوا البكتيريا الجذرية المعززة لنمو النبات PGPR على أساس أنشطتها الوظيفية على أنها:

(1) أسمدة حيوية (biofertilizers): تزيد من توافر المغذيات للنبات

(2) محفزات نباتية (phytostimulators): تعزز نمو النبات، بشكل عام من خلال الهرمونات النباتية

(3) معالجات جذرية (rhizoremediators): تحلل الملوثات العضوية والمركبات الغريبة

(4) مبيدات حيوية (biopesticides): مسؤولة عن مكافحة الأمراض والآفات، بشكل رئيسي عن طريق إنتاج المضادات الحيوية ومستقلبات مضادات الفطريات)

86

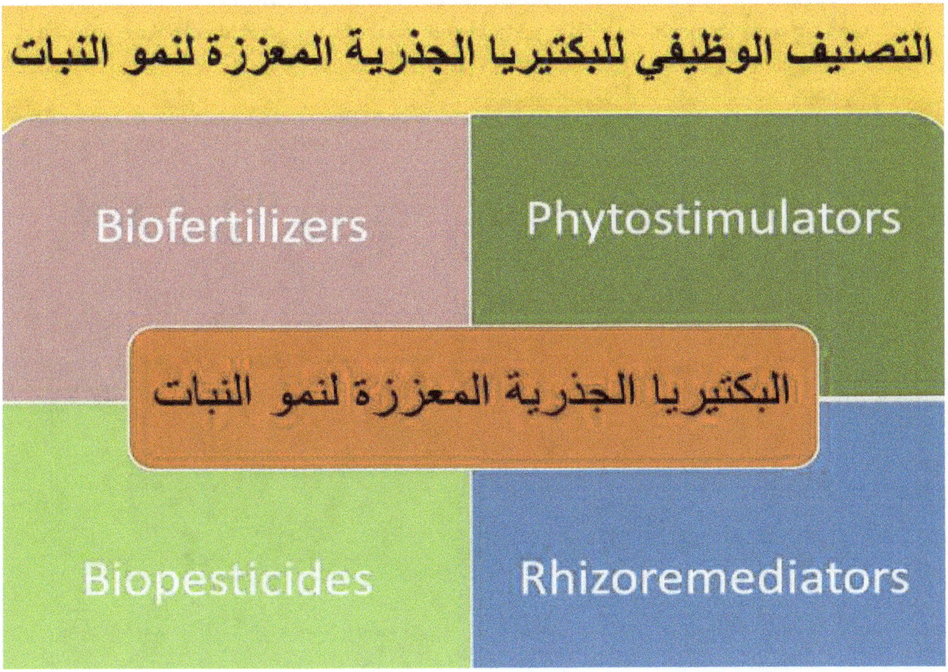

التصنيف الوظيفي للبكتيريا الجذرية المعززة لنمو النبات

Biofertilizers

Phytostimulators

البكتيريا الجذرية المعززة لنمو النبات

Biopesticides

Rhizoremediators

الفصل الرابع: آليات تعزيز نمو النبات

آليات تعزيز نمو النبات:

يتم تعزيز نمو النبات بوساطة PGPR عن طريق تغيير المجتمع الميكروبي بأكمله في بيئة الجذور من خلال إنتاج مواد مختلفة (الجدول 27). بشكل عام، تعزز الـ PGPR نمو النبات بشكل مباشر إما عن طريق تسهيل الحصول على الموارد (النيتروجين والفوسفور والمعادن الأساسية) أو تعديل مستويات الهرمونات النباتية، إنتاج المواد المتطايرة البكتيرية المنشطة والهرمونات النباتية، وخفض الإيثيلين المستوى في النبات.

أو بشكل غير مباشر عن طريق وتحفيز آليات مقاومة الأمراض (المقاومة الجهازية المستحثة) وتقليل التأثيرات المثبطة لمختلف مسببات الأمراض على نمو النبات وتطوره في ظروف المكافحة الحيوية. إلى جانب تحفيز تكافؤات وتكافلات مفيدة أخرى، أو حماية النبات عن طريق تحليل الملوثات والمركبات الغريبة (xenobiotics) في التربة.

آليات تعزيز البكتيريا الجذرية لنمو النبات
مباشرة
(توفير المغذيات أو تعديل مستويات الهرمونات النباتية)
غير مباشرة
(تقليل التأثيرات المثبطة لمختلف مسببات الأمراض والإجهاد)

1. الآليات المباشرة:

تثبيت النيتروجين:

النيتروجين (N) هو أكثر العناصر الغذائية أهمية لنمو النبات وإنتاجيته. على الرغم من وجود حوالي 78٪ N_2في الغلاف الجوي، إلا أنه غير متوفر للنباتات النامية. يتم تحويل N_2 في الغلاف الجوي إلى أشكال نباتية قابلة للاستخدام عن طريق التثبيت البيولوجي N_2 (BNF) الذي يحول النيتروجين إلى أمونيا عن طريق الكائنات الدقيقة المثبتة للنيتروجين باستخدام نظام إنزيم معقد يعرف باسم nitrogenase . في الواقع، يمثل BNF ما يقرب من ثلثي النيتروجين

المثبت عالميًا، بينما يتم تصنيع باقي النيتروجين صناعيًا. يحدث التثبيت البيولوجي للنيتروجين، بشكل عام في درجات حرارة معتدلة، عن طريق الكائنات الدقيقة المثبتة للنيتروجين، والتي تنتشر على نطاق واسع في الطبيعة. علاوة على ذلك، يمثل BNF بديلاً مفيدًا اقتصاديًا وسليم بيئيًا للأسمدة الكيماوية.

يتم تصنيف الكائنات الحية المثبتة للنيتروجين بشكل عام على أنها (أ) بكتيريا تثبيت تكافلية لـ N_2 (جدول 29) بما في ذلك أفراد عائلة *rhizobiaceae* التي تشكل تعايشًا مع النباتات البقولية عشبية أو شجرية (مثل الريزوبيا) والأشجار غير البقولية (مثل *Frankia*) و (ب) أشكال تثبيت النيتروجين غير التكافلية (الكائنات الحية الحرة والمترافقة والداخلية) مثل البكتيريا الزرقاء (أنابينا، نوستوك)، أزوسبيريلوم، أزوتوباكتر، *Gluconoacetobacter diazotrophicus* و *Azocarus*. ومع ذلك ، توفر بكتيريا تثبيت النيتروجين غير التكافلية كمية صغيرة فقط من النيتروجين الثابت الذي يتطلبه النبات المضيف المرتبط بالبكتيريا . البكتيريا التكافلية المثبتة للنيتروجين داخل الجذور تنتمي لعائلة (α-protobacteria) تصيب وتؤسس علاقة تكافلية مع جذور النباتات البقولية. ينطوي إنشاء التعايش على تفاعل معقد بين المضيف والمتعايش مما يؤدي إلى تكوين عقيدات حيث تستعمر بالريزوبيا. تسمى أيضًا البكتيريا الجذرية المعززة لنمو النبات والتي تثبت N_2 في النباتات غير البقولية باسم الديازوتروف القادرة على تكوين تفاعل غير ملزم مع النباتات المضيفة.

90

تتم عملية تثبيت N_2 بواسطة إنزيم معقد، مركب النيتروجيناز. تم تحديد ثلاثة أنظمة مختلفة لتثبيت N (أ) Mo-nitrogenase و (b) V-nitrogenase و (c) Fe-nitrogenase. من الناحية الهيكلية، يختلف نظام تثبيت N_2 باختلاف الأجناس البكتيرية. يتم تنفيذ معظم عمليات التثبيت البيولوجي للنيتروجين عن طريق نشاط نيتروجين الموليبدينوم الموجود في جميع أنواع الديازوتروف.

تم العثور على جينات تثبيت النيتروجين، والتي تسمى جينات nif في كل من أنظمة الحياة التكافلية والحرة، تشمل جينات النيتروجيناز (nif) الجينات الهيكلية، والجينات المشاركة في تنشيط بروتينFe ، والتخليق الحيوي للعامل المساعد لموليبدينوم الحديد، والتبرع بالإلكترون، والجينات التنظيمية اللازمة لتخليق ووظيفة الإنزيم.

جدول(28): الميكروبات المثبتة للنيتروجين تكافليا والأحياء المضيفة والأعضاء المستضيفة

م	الميكروبات المثبتة للنيتروجين تكافليا		الأحياء المضيفة	الأعضاء المستضيفة للتكافل
	القسم	الإسم		
1	بكتيريا	*Rhizobium*	البقوليات	العقد الجذرية
2		*Azotobacter*	*Codium* طحلب اخضر	سطح التالوس او المشرة

3	أكتينوبكتيريا	*Frankia*	عديد النباتات المتخشبة	العقد الجذرية
4	سيانوبكتيريا	*Nostoc*	Cycads	Coralloid roots
5		*Nostoc, Calothrix*	بعض الأشنات	محاطة بالهايفات
6		*Nostoc*	بعض الحزازيات *Sphagnum spp.*	سطح التالوس او المشرة
7		*Anabaena azollae*	أزولا (سرخس)	تجاويف الأورق
8		*Nostoc*	*Gunnera*	غدد ساقية
9		*Richelia*	الدياتومات وغيرهامن العوالق البحرية	داخل خلوية

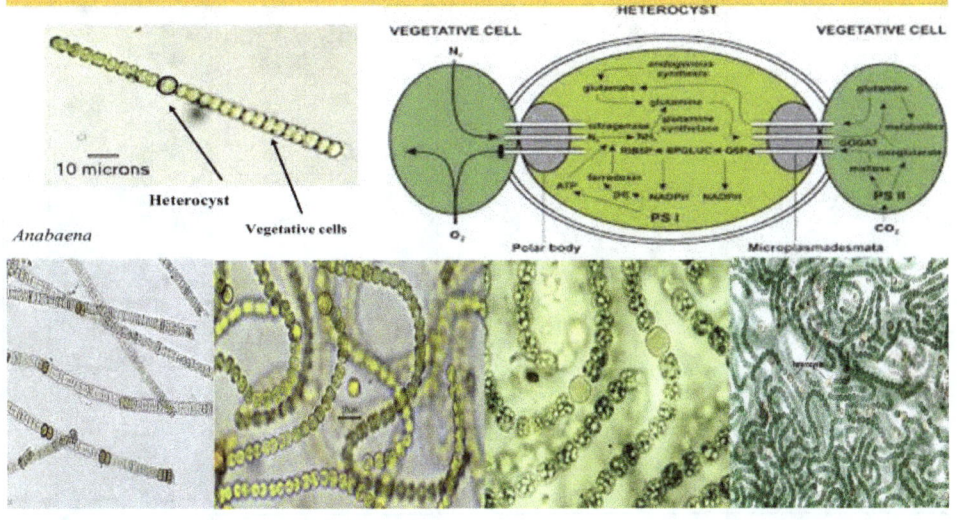

جدول(29): البكتيريا المثبتة للنيتروجين وأشكال علاقتها بالنبات المضيف لنمو النبات

البكتيريا الجذرية المعززة لنمو النبات والمثبتة للنيتروجين	
أمثلة عن البكتريا والنباتات المضيفة	نوع العلاقة مع المضيف
rhizobia (including the Allorhizobium, Azorhizobium, Brady rhizobium, Mesorhizobium, Rhizobium, Sinorhizobium)/ legume crops. *Frakia/ non legume crops*	Symbiotic(nodulating) تكافلية

Rhizospheric رايزوسفيرية	*Azospirillum sp, /Maize Rice Wheat* *Azotobacter sp./ Maize Wheat* *Bacillus polymyxa/ Wheat* *Cyanobacteria (Anabaena and Nostoc.)/ Rice*
Endophytic داخلية	*Azoarcus sp. /Kallar grass Sorghum Rice* *Burkholderia sp. /Rice* *Gluconacetobacter diazotrophicus/ Sorghum, Sugarcane* *Herbaspirillum sp./ Rice Sorghum Sugarcane*
Associative مرافقة	*Azoarcus sp, Beijerinckia sp., Klebsiella pneumoniae, Pantoea agglomérons, / non-legume crop Achromobacter, Acetobacter, Alcaligenes, Arthrobacter, Azomonas, Bacillus, Beijerinckia,* *Clostridium, Corynebacterium, Derxia, Enterobacter, Klebsiella, Pseudomonas, Rhodospirillum, RhodoPseudomonas and Xanthobacter*
Free حرة	*Azospirillum sp, Azotobacter sp*

العقد الجذرية لرزوبيا بعض البقوليات

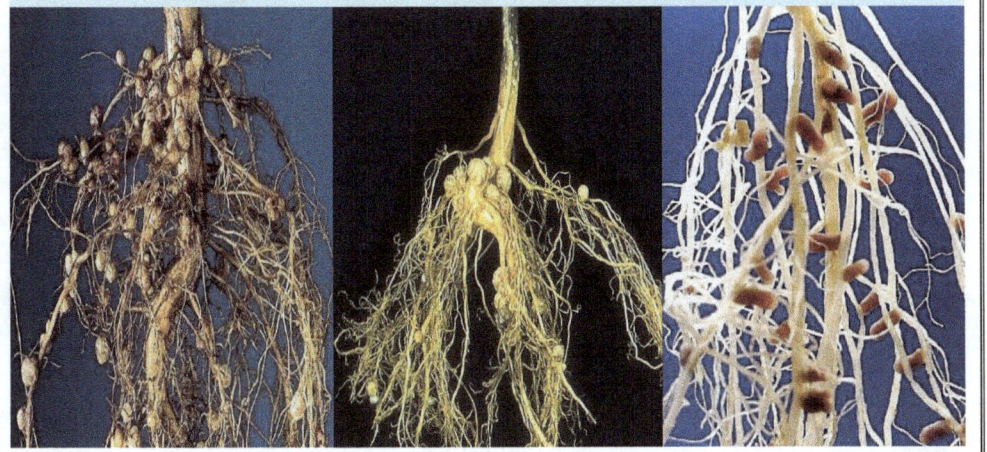

العقد الساقية لبقولي متشجر: السيسبان المنقاري
(Sesbania rostrata)

جدول(30): أشهر البقوليات الشجرية المثبتة للنيتروجين

الموقع	أشهر الأنواع	الاجناس	العوائل	م
تنزانيا ونيجيريا	Leucaena leucocephala	Leucaena, Mimosa, Acacia, Calliandra, and Prosopis	Mimosoideae	1
كينيا	Calliandra calothyrsus			
البرازيل	Mimosa aesalpiniifolia			
السينيغال وكينيا	Sesbania sesban	Gliricidia, Sesbania, Cratylia, and Cajanus	Papilionoideae (Faboideae)	2
نيجيريا والبرازيل	Gliricidia sepium			
كينيا	Cajanus cajan			
برازيل	Bauhinia cheilantha	Bauhinia	Caesalpinoideae	3

إذابة الفوسفات:

الفوسفور (P)، هو ثاني عنصر غذائي مهم يحد من نمو النبات بعد النيتروجين، وهو متوفر بكثرة في التربة في كل من الأشكال العضوية وغير العضوية. على الرغم من الخزان الكبير للفوسفور، فإن كمية الأشكال المتاحة للنباتات منخفضة بشكل عام. هذا التوافر المنخفض للفوسفور للنباتات يرجع إلى أن غالبية التربة تحوي أشكاله غير قابلة للذوبان، يوجد الفوسفور غير القابل للذوبان بوصفه معدنا غير عضوي مثل الأباتيت أو كأحد الأشكال العضوية المتعددة بما في ذلك فوسفات الإينوزيتول (فيتات التربة) والفوسفومونيستر والفوسفوتريستر. للتغلب على نقص الفوسفور في التربة، هناك تطبيقات متكررة للأسمدة الفوسفاتية في المجالات الزراعية. تمتص النباتات كميات أقل من الأسمدة الفوسفاتية المطبقة ويتحول الباقي بسرعة إلى مجمعات غير قابلة للذوبان في التربة. لكن الاستخدام المنتظم للأسمدة الفوسفاتية ليس مكلفًا فحسب، ولكنه أيضًا غير مرغوب فيه من الناحية البيئية. وقد أدى ذلك إلى البحث عن خيار آمن بيئيًا ومعقول اقتصاديًا لتحسين إنتاج المحاصيل في التربة منخفضة الفوسفور. في هذا السياق، فإن الكائنات الحية المقترنة بنشاط إذابة الفوسفات، والتي غالبًا ما يطلق عليها

الكائنات الدقيقة التي تعمل على إذابة الفوسفات (PSM)، قد توفر الأشكال المتاحة من الفوسفور للنباتات وبالتالي بديلًا صالحًا للأسمدة الفوسفاتية الكيميائية.

شكل: مديات توافر العناصر المعدنية المغذية حسب درجة حموضة التربة

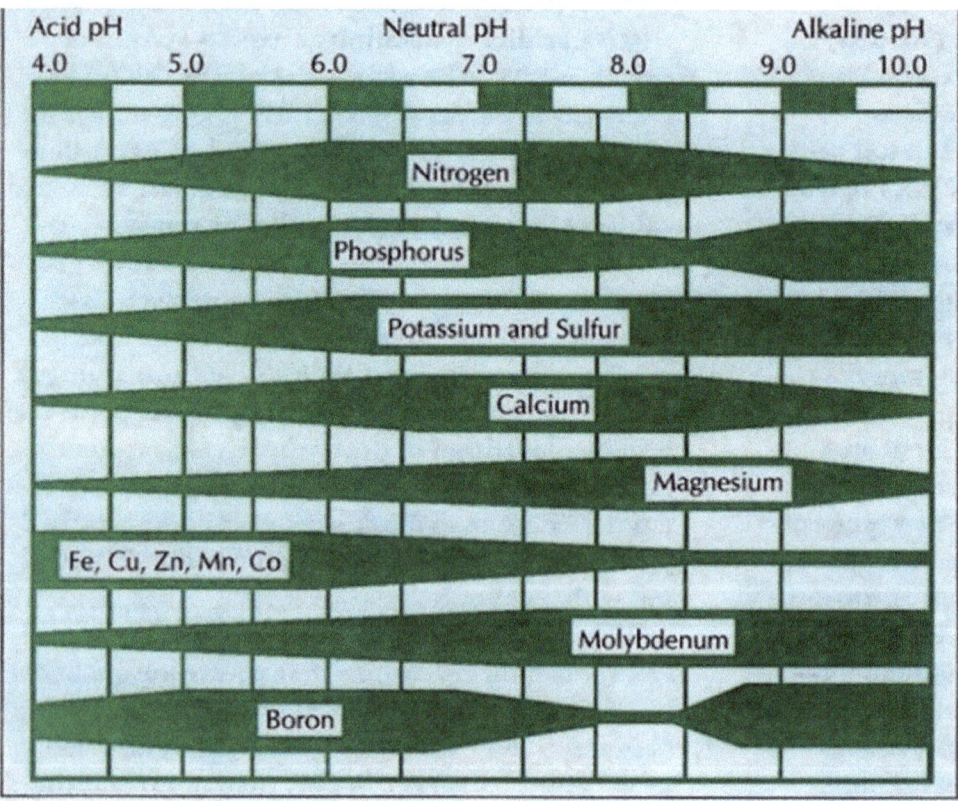

العمليات المؤثرة في ديناميكية الفسفور في التوبة

الانحلال و
الترسيب
الامتصاص
والادمصاص
التحول البيني بين
الأشكال العضوية
وغير العضوية
للفوسفور

أهم الميكروبات المذيبة للفوسفات

الفطريات
البكتيريا
PSM
السيانوبكتيريا
الأكتينوبكتيريا

من بين مختلف (s) PSM التي تعيش في منطقة الجذور، تعتبر البكتيريا التي تذوب الفوسفات (PSB) بمثابة أسمدة حيوية واعدة حيث يمكنها إمداد النباتات بـ P من مصادر غير متوفرة بشكل جيد بواسطة آليات مختلفة. عديدة هي الأحياء المجهرية المذيبة للفوسفات في التربة (جدول 31)

جدول (31): تنوع الميكروبات المذيبة للفوسفات في التربة مقتبس من Rawat, *et al.* 2021.

م	الميكروبات	ألأجناس والأنواع
1	البكتيريا	*Klebsiella variicola, Ochrobactrum pseudogrignonense , Staphylococcus haemolyticus, Staphylococcus cohnii , Pseudomonas putida, Leclercia adecarboxylata , Rahnella aquatilis HX2, Burkholderia cenocepacia , Pseudomonas fulva, Enterobacter sp. ,Bacillus megaterium, Bacillus licheniformis, Rhizobium sp. , Arthrobacter defluvii, Pseudomonas frederiksbergensis, Rhodanobacter sp., Bacillus cepacia, Vibrio paradoxus , Acinetobacter rizosphaerae, Tetrathiobacter sp. , Pantoea sp., Enterobacter sp. , Pseudomonas chlororaphis, Rhodococcus sp., Cupriavidus, Arthrobacter sp., Acinetobacter sp., Bacillus cereus , Pseudomonas fragi, Pseudomonas trivalis, Pseudomonas lurida, Pseudomonas sp., Exiguobacterium*

acetylicum , Pseudomonas poae, Pseudomonas fluorescens, Pseudomonas trivalis, Pseudomonas sp. , Micrococcus, Bacillus sp. , Xanthomonas campestris , Arthrobacter sp., Rhodococcus erythropolis, Bacillus megaterium, Serratia marcescens, Chryseobacterium sp. , Enterobacter aerogenes, Pantoea agglomerans, Klebsiella sp. , Pseudomonas corrugata, Mycobacterium phlei , , Bacillus atrophaeus, Bacillus amyloliquefaciens, Vibrio proteolyticus, Paenibacillus macerans, Pseudomonas stutzeri, Enterobacter taylorae, Kluyvera cryocrescens, Enterobacter aerogenes, Chryseomonas luteola, Xanthobacter agilis, Enterobacter asburiae		
Penicillum sp. PK112, Trichoderma harzianum OMG08 , Aspergillus aculeatus P93, Penicillium daleae, Aspergillus versicolor , Acremonium, Hymenella, Neosartorya , Penicillium brevicompactum, Aspergillus niger , Penicillium oxalicum , Aspergillus candidus, Aspergillus nidulans, Aspergillus wentii, Aspergillus sydowii , Penicillium expansum, Mucor ramosissimus, Candida krissii , Aspergillus fumigatus, Aspergillus niger, Penicillium sp. , Glomus clarum, Glomus geosporum , Trichoderma virens, Trichoderma viride , Penicillium radicum, Penicillium bilaiae , Mortierella sp., Glomus aggregatum , Penicillium pinophilum, Aspergillus sp	الفطريات	2

3	الميكوريزا	*Rhizophagus irregularis MUCL 43194, Glomus fasciculatum, Entrophospora colombiana*
4	الأكتينوبكتيريا	*Streptomyces thermos-carboxydus, Streptomyces werraensis, Streptomyces ambifaria , Streptomyces fulvissimus, Streptomyces, Streptoverticillium , Microbacterium lacusdiani sp*
5	سيانوبكتيريا	*Anabaena variabilis, Westiellopsis prolifica, Calothrix braunii, Nostoc sp., Scytonema sp.*

عادةً ما يحدث إذابة الفسفور غير العضوي نتيجة لعمل الأحماض العضوية منخفضة الوزن الجزيئي التي يتم تصنيعها بواسطة بكتيريا التربة المختلفة. على العكس من ذلك، يحدث تمعدن الفسفور العضوي من خلال تخليق مجموعة متنوعة من الفوسفازات المختلفة، مما يحفز التحلل المائي لاسترات الفوسفوريك.

ترتبط إحدى أكثر الآليات المعروفة لإذابة الفوسفور بواسطة البكتيريا المذيبة له (PSB) بإنتاج الأحماض العضوية وغير العضوية وإفراز البروتون. ينتج إفراز + H من NH4 + الاستيعاب بالنبات وPSB. والأحماض العضوية (هي حمض الأكساليك، وحمض الستريك، وحمض اللبنيك، وحمض الطرطريك، والأسبارتيك)

أهم الآليات والإنزيمات الفاعلة في إذابة الفوسفات ميكروبيا

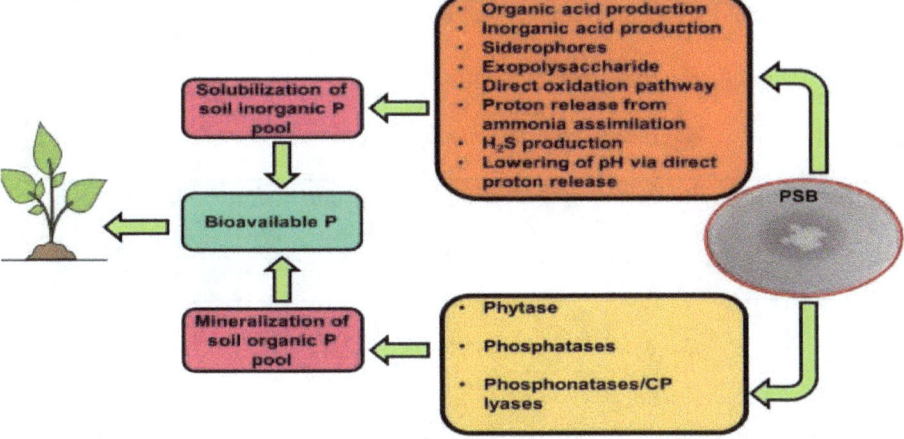

الآليات المباشرة المذيبة للبوتاسيوم بواسطة البكتيريا

KSB

- التحلل الحمضي
- استخلاب (chelation)
- الأكسدة
- إنتاج ثاني أكسيد الكربون

عمليات التحول الرئيسية للكبريت في التربة

تمعدن الكبريت العضوي إلى شكل غير عضوي

⬇

تقييد أو تمثيل الكبريت في مركبات عضوية بواسطة النباتات أو الميكروبات

⬇

أكسدة الكبريت ومركباته غير العضوية

⬇

اختزال الكبريت ومركباته الغير عضوية المؤكسدة بشكل غير كامل

أهم أصناف حاملات الحديد البكتيرية
(Bacterial siderophores)

catecholates or carboxylate	hydroxamate
peptide	
mycobactin	citrate hydroxamate

أهم أصناف حاملات الحديد الفطرية
(Fungal siderophores)

coprogens	ferrichromes
rhizoferrin	
fusarinines (fusigens)	rhodotorulic acid

جدول (32): الآليات والنشاطات المفيدة للبكتيريا المعززة لنمو النبات

الآليات المباشرة		
النشاط المعزز لنمو النبات	**نوع العلاقة / المركب/الآلية**	**أمثلة عن الميكروبات المنتجة**
N2-Fixation	Symbiotic (nodulating)	*rhizobia (including the Allorhizobium, Azorhizobium, Brady rhizobium,Mesorhizobium, Rhizobium, Sinorhizobium)/ legume crops*
	Rhizospheric	*Azospirillum sp, /Maize Rice Wheat* *Azotobacter sp./ Maize Wheat* *Bacillus polymyxa/ Wheat* *Cyanobacteria (Anabaena and Nostoc.)/ Rice*
	Endophytic	*Azoarcus sp. /Kallar grass Sorghum Rice* *Burkholderia sp. /Rice* *Gluconacetobacter diazotrophicus/ Sorghum, Sugarcane* *Herbaspirillum sp./ Rice Sorghum Sugarcane*
	Associative	*Azoarcus sp. , Beijerinckia sp. , Klebsiella pneumoniae , Pantoea agglomérons / non-legume crop* *Achromobacter, Acetobacter, Alcaligenes, Arthrobacter, Azomonas, Bacillus, Beijerinckia,* *Clostridium, Corynebacterium, Derxia, Enterobacter, Klebsiella, Pseudomonas,*

		Rhodospirillum, RhodoPseudomonas and Xanthobacter
Phosphate Solubilization	–	*Azotobacter chroococcum / wheat* *Bacillus sp. isolates and a Xanthomonas maltophilia/ canola* *Enterobacter agglomérons / tomato* *Pseudomonas chlororaphis and P. putida /soybean* *Rhizobium sp. and Bradyrhizobium japonicum /radish*
K Solubilization	–	*Pseudomonas, Burkholderia, Acidithiobacillus ferrooxidans, Enterobacter hormaechei, Paenibacillus glucanolyticus, Arthrobacter spp., Paenibacillus mucilaginosus, P. glucanolyticus, Bacillus mucilaginosus, B. edaphicus, B. circulans*
S –Solubilization or Availability	–	*Pseudomonas, Klebsiella, Salmonella, Enterobacter, Serratia, Comamonas, Beggiatoa, Sulfolobus, Thermothrix, Thiobacillus, Thiothrix , Chlorobium, Prosthecochloris, Chloroherpeton, Pelodictyon, Ancalochloris , Desulfovibrio and Desulfatomaculum*
Iron (Fe) Solubilization	–	*Azospirillum sp, Azotobacter sp .*
Manganese (Mn) Availability	–	*Bacillus, Pseudomonas, and Geobacter*
Zinc solubilization	–	*Gluconacetobacter diazotrophicus*

Pb and Cd resistance	–	*Pseudomonas putida*
Siderophore	Agrobactin	*Agrobacterium tumefaciens*
	Pyochelin	*Pseudomonas aeruginosa*
	Azotochelin	*A. vinelandii*
	Aminochelin	*A. vinelandii*
	Pyoverdin	*Pseudomonas sp*
	Arthrobactin	*Arthrobacter sp*
	Ferrioxamine E	*Erwinia herbicola*
	Ferrioxamine B	*Streptomyces sp.*
	Desferrioxamine B&E	*Streptomyces viridosporus*
	Francobactin	*Frankia sp.*
	Ornibactin	*Burkholderia cepacia*
	Ferribactin	*P. fluorescens*
	Pseudobactin	*P. putida*
	Alterobactin	*Alteromonas luteoviolaces*
	Schizokinen	*Bacillus megaterium*
	Alcaligin E	*Alcaligenes eutrophus*
	Rhizobactin	*Rhizobium meliloti*
	Citric acid	*Bradyrhizobium japonicum*
	Catechol and hydroxamate	*Azotobacter chrococcum*
	Cepabactin	*P. cepacia*
	Fusarinine A and B	*Fusarium roseum*
	Ferrichrome	*Penicillium parvum*
	Canadaphore	*Helimenthosporium carbonum*
	Rhizoferrin	*Rhizopus microsporus, R. arrhizus*
	Asperchrome A, B, and C	*Aspergillus ochraceus*

	Ferricrocin	*Microsporum canis*
	Malionichrome	*Fusarium roseum*
	Rhodotorulic acid	*Rhodotorula piliminae*
Phytohormones	auxine	*Agrobacterium spp. and Pseudomonas savastanoi pv. Savastanoi*
	Indole–3–acetic acid (IAA)	*Acetobacter diazotrophicus* *Agrobacterium sp. /Lettuce* *Alcaligenes piechaudii/ Lettuce* *Azospirillum brasilense Wheat* *Herbaspirillum seropedicae* *Aeromonas veronii Rice* *Bradyrhizobium sp./ Radish* *Comamonas acidovorans /Lettuce* *Enterobacter cloacae /Rice* *Enterobacter sp. /Sugarcane* *Rhizobium leguminosarum/Radish*
	Cytokinin	*Paenibacillus polymyxa /Wheat* *Pseudomonas fluorescens/ Soybean Pine* *Rhizobium leguminosarum/ Rape & lettuce*
	Zeatin and ethylene	*Azospirillumsp.*
	kinetin	*Azotobacter chroococcum*
	Gibberellic acid (GA3)	*Azospirillum lipoferum* *Bacillus sp./ Alder*
	Abscisic acid (ABA)	*Azospirillum brasilense*
	ACC deaminase	*Alcaligenes sp./ Rape* *Bacillus pumilus/ Rape* *Enterobacter cloacae/Rape* *Pseudomonas cepacia/ Soybean* *Pseudomonas putida /Mung bean* *Pseudomonas sp./ Rape*

		Variovorax paradoxus /Rape
	Jasmonic acid	Lasiodiplodia theobromae
	salicylic acid	P. patulum
	sativendiol	Helminthosporium sativum
	Sclerin, sclerotinin A, B	Sclerotinia sp
	malformins A1, A2, B1, B2, C	Aspergillus sp
	cotylenol and cotylinin A–F	Clodosporium sp
	radiclonic acid	penicillium sp

تعمل ال PGPR على زيادة نظام الجذري للنباتات عن طريق إنتاج الفيتوهرمون IAA والانزيم النازع للامين ACC المتحكم في الايثلين بتكسيره.

110

النباتات المعالجة بـ PGPR لها جذر أفضل مع زيادة لاحقة في امتصاص العناصر الغذائية والمياه. يؤدي تعزيز نمو الجذورالجانبية والشعيرات الجذرية إلى زيادة سطح الجذر وبالتالي يمكن أن يكون لها تأثيرات إيجابية على اكتساب الماء وامتصاص المغذيات.

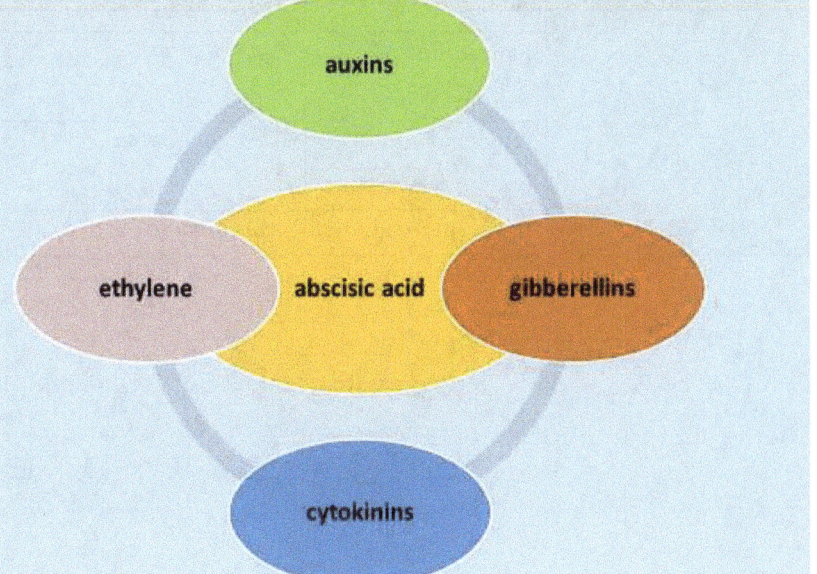

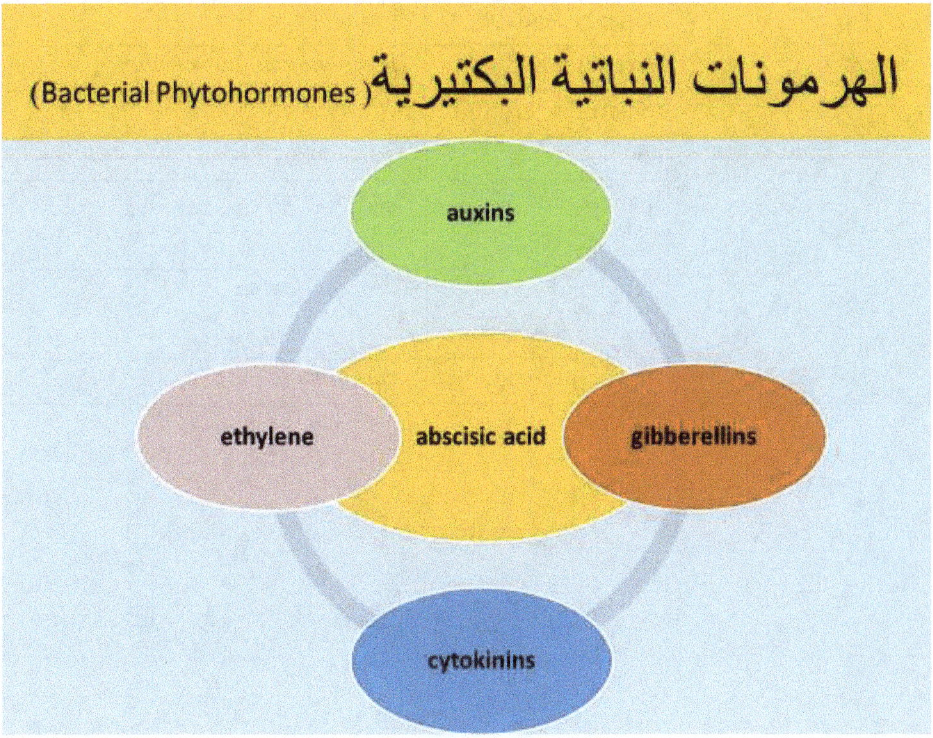

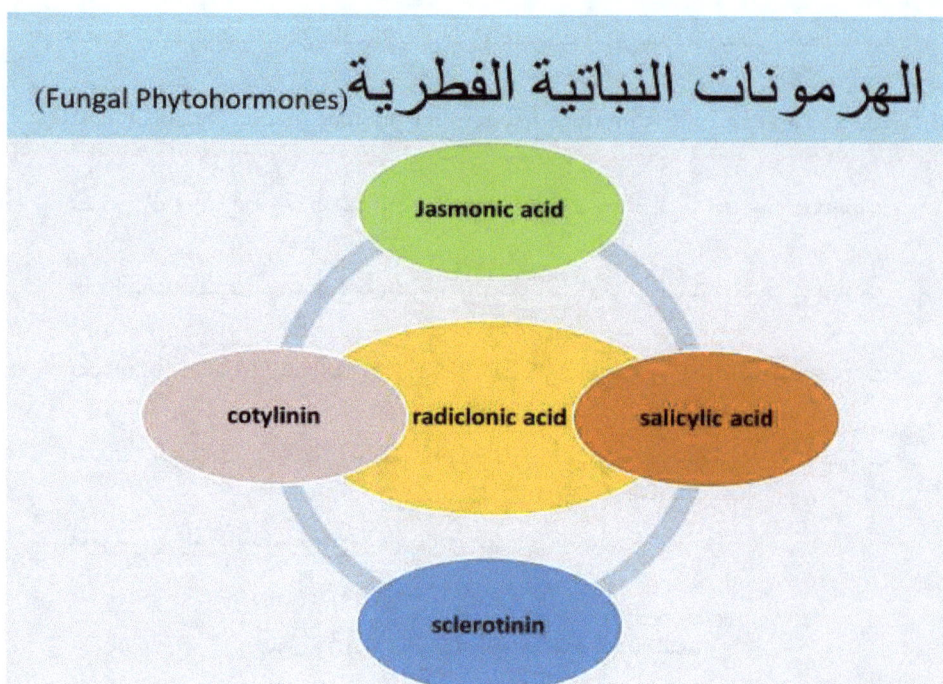

الهرمونات النباتية الفطرية (Fungal Phytohormones)

Jasmonic acid

cotylinin

radiclonic acid

salicylic acid

sclerotinin

2. الآليات الغير المباشرة

يعد استخدام الكائنات الدقيقة للتحكم في الأمراض -وهو شكل من أشكال المكافحة البيولوجية -نهجًا صديقًا للبيئة. تتمثل الآلية الرئيسية الغير المباشرة لتعزيز نمو النبات في العمل بمنزلة عوامل للمكافحة الحيوية بشكل عام، تعد المنافسة على العناصر الغذائية، والاستبعاد المتخصص، والمقاومة الجهازية المستحثة وإنتاج المستقلبات المضادة للفطريات هي الأنماط الرئيسية لنشاط المكافحة الحيوية. العديد من البكتيريا الجذرية تنتج مستقلبات مضادة للفطريات مثل HCN، الفينازينات، بيرولنترين، 2،4-دياسيتيل فلوروجلوسينول، بيولوتورين، فيسكوسيناميد وتنسين. يمكن أن يؤدي تفاعل بعض البكتيريا الجذرية مع جذور النبات إلى

112

مقاومة النبات لبعض البكتيريا المسببة للأمراض والفطريات والفيروسات. وتسمى هذه الظاهرة بالمقاومة الجهازية المستحثة induced systemic resistance (ISR)،. علاوة على ذلك، يتضمن ISR إشارات الجاسمونيت والإيثيلين داخل النبات وهذه الهرمونات تحفز استجابات دفاع النبات المضيف ضد مجموعة متنوعة من مسببات الأمراض النباتية. تحفز العديد من المكونات البكتيرية الفردية ISR، مثل عديدات السكاريد الدهنية (LPS)، السوط، حاملات الحديد، الببتيدات الدهنية الحلقية، 2،4-ثنائي أسيتيل فلوروجلوسينول، لاكتونات الهوموسرين، والمواد المتطايرة مثل الأسيتوين و 2،3-بوتانيديول.

جدول (33): الآليات الغير مباشرة لتعزيز النمو

<table>
<tr><td colspan="3" align="center">الآليات الغير مباشرة لتعزيز النمو</td></tr>
<tr><td colspan="2" align="center">المكافحة الحيوية</td><td align="center">1</td></tr>
<tr><td colspan="2" align="center">الآليات الغير مباشرة للمكافحة الحيوية</td><td align="center">A</td></tr>
<tr><td align="center">آليات المكافحة الحيوية</td><td align="center">المركبات المنتجة</td><td align="center">شرح الآلية</td></tr>
<tr>
<td>Root surface colonization إستيطان السطوح الجذرية</td>
<td>–</td>
<td>استيطان المواقع المناسبة في سطح الجذر</td>
</tr>
<tr>
<td>nutrients competition التنافس على المغذيات</td>
<td>–</td>
<td>المنافسة على المغذيات</td>
</tr>
<tr>
<td>Iron Competition التنافس على الحديد</td>
<td>siderophores, (Pyoverdin/pseudobactin)</td>
<td>تحد fluorescent pseudomonads من نمو الفطريات المسببة للأمراض وتقلل حدوث المرض وشدته. في ظروف نقص الحديد، هذه البكتيريا تنتج السيديروفورات قوية تسحب الحديد على الفطريات</td>
</tr>
<tr>
<td>Induced Systemic Resistance المقاومة الجهازية المستحثة</td>
<td>fluorescent pseudomonads and Bacillus</td>
<td>تشبه المقاومة الجهازية المستحثة (ISR– Induced Systemic Resistance)بوساطة البكتيريا الجذرية المقاومة الجهازية المكتسبة التي يسببها المرض (SAR– systemic acquired resistance). يعمل كل من ISR و SAR من خلال مسارات إشارات مختلفة. يتم تحريض SARمن خلال حمض الساليسيليك (SA)بينما يتطلب ISR مسارات إشارات حمض الجاسمونيك (JA) والإيثيلين (ET). SA</td>
</tr>
</table>

114

ينشط مجموعات محددة من الجينات المتعلقة بالدفاع تسمى البروتينات المتعلقة بالتسبب في المرض PRs pathogenesis-related) (-proteins فمثلا الزائفة الفلورية وغيرها من PGPR تحث المقاومة الجهازية في النباتات، والتي توفر الحماية ضد مجموعة واسعة من مسببات الأمراض النباتية وناقلات الحديد حتى لو كانت موجودة بكميات نانوجرام تحفز المقاومة الجهازية(ISRs)		
نقص الفوعة لتقليل تأثير العوامل الضارة نقص الفوعة هو ضراوة مخفضة توجد في بعض سلالات مسببات الأمراض (*Cryphonectria parasitica*) لفحة الكستناء كانت سلالة ناقصة الفوعة قادرة على تقليل تأثير السلالات الخبيثة الطبيعية لسلالات المتطفلة لى الكاستانيا ساتيفا الأوروبية ؛ وقد أظهر نقص الفوعة فعاليته أيضا في العديد من مسببات الأمراض الأخرى مثل *Rhizoctonia solani, Gaeumannomyces hramini var. tritici,* و *Ophiostoma ulmi.*		ممرضات ضعيفة الشراسة Hypovirulence

Stimulation of legume-rhizobia symbioses تحفيز التكافلات مع الريزوبيا		عند تعرض النباتات لهجمات حشريةاو دودية اوفطريات تميل لتكويت علاقات تكافلية مع الريزوبيا والاكتينوريزا في سبيل مساعدتها في صد العدوان المرضي
Disease resistanceمقاومة الأمراض	Chitinases, ß1 ,3glucanase Antibiotics Bacteriocins Siderophores induction of systemic resistance	التضاد تحريض الاستجابة النظامية التداخل مع نظام استشعار النصاب المنافسة على الحديد

B الآليات المباشرة للمكافحة الحيوية

عامل المكافحة الحيوية	المركبات		الآلية
Lytic enzymes الإنزيمات المحللة	lysozymes, Chitinases ,ß 1 ,3glucanase, proteases, and lipases		تحليل الخلايا البكتيرية والفطرية المسببة للأمراض
antagonistic activities النشاطات المضادة	antifungal antibiotics	HCN, phenazines, pyrrolnitrin, 2,4-diacetylphloroglucinol, tropolone, pyocyanin, viscosinamide , tensin , phloroglucinols, pyoluteorin, cyclic lipopeptides	تمنع تخليق جدران الخلايا المسببة للأمراض، تؤثر على التراكيب الغشائية للخلايا ويمنع تكوين معقدات البدء على الوحدة الفرعية الصغيرة للريبوسوم

	Antibiotics	agrocin 84	*Agrobacterium radiobacter inhibits A. tumifaciens*
		polymyxin, circulin and colistin	تنتجها غالبية *Bacillus ssp.* نشطة ضد كذلك البكتيريا موجبة الجرام وسالبة الجرام والعديد من الفطريات المسببة للأمراض
		zwittermicin A and kanosamine	تنتجها سلالة بكتيريا B. cereus UW85 يساهم في المكافحة الحيوية لذبول البرسيم
	Bacteriocins	pyocins / *P. pyogenes, cloacins /Enterobacter cloacae,marcescins / Serratia marcescens and megacins / B. megaterium*	بكتيريوسينات من *Bacillus spp.* أصبحت أكثر أهمية بشكل متزايد بسبب اتساع أطياف تأثيرها للتثبيط (مقارنة بنظيرتها من البكتريا اللبنية) ، والتي قد تشمل البكتريا سالبة الجرام أو الخمائر أو الفطريات ، بالإضافة إلى الأنواع موجبة الجرام ، والتي يُعرف بعضها بأنها مسببة للأمراض للإنسان و / أو الحيوانات
	lipopeptide biosurfactants	*Pseudomonas and Bacillus*	مخربات للأغشية الخلوية
	exotoxins		
	Volatile biocides	HCN, Aldehydes, alcohols, ketones and sulfides	مثبطات ومبيدات للميكروبات
Predation and Parasitism الافتراس والتطفل	Mycoparasites		تم اختبار *Coniothyrium minitans* و *Sporidesmium sclerotivorum* بوصفها عوامل مكافحة حيوية، وبعضها فعال في السيطرة على الأمراض التي تسببها

Sclerotinia sp. وغيرها من الفطريات المكونة للتصلب		
2	**تحمل الإجهاد اللاحيوي** (الجفاف، الملوحة، الحرارة، الصقيع، حموضة التربة، عدم توفر المغذيات، سمية المغذيات، اللاهوائية، الغمر، الأشعة فوق البنفسجية....)	
الآليات	**البكتيريا النافعة**	**العامل المجهد**
-زيادة إنتاج حمض الأبسيسيك المتسبب في زيادة امتصاص الماء وإغلاق الثغور وتقليل توسع الأوراق -تراكم الأسمولايت، وارتفاع مستوى البرولين - تطوير جدار خلوي سميك لتجنب فقدان الماء - الدخول في مرحلة السبات أو الركود للهروب من فترة الجفاف - إنتاج السكريات الخارجية - إنتاج الهرمونات النباتية مثل (IAA)، وحمض الأبسيسيك (ABA) ، والسيتوكينين ، (2) توليف السكريات الخارجية (EPSs)، - إنتاج 1-aminocyclopropane-1-carboxylate (ACC) deaminase، - التحمل الجهازي المستحث	*Azospirillum brasilense, Azospirillum lipoferum, Bacillus, Pseudomonas, Acinetobacter, Alcaligenes faecalis, Stenotrophomonas, Pseudomonas, Rahnella, Pseudomonas fluorescens, Bacillus megaterium, Bacillus licheniformis, Proteus mirabilis, Achromobacter xylosoxidans, Gluconoacetobacter diazotrophicus, Azoarcus, Pseudomonas migulae, Brachybacterium saurashtrense, Brevibacterium casei, Haererohalobacter*	**الجفاف**
- إنتاج وتراكم الإنزيمات والأسمولات - إنتاج بروتينات الصدمة الحرارية - تراكم السكريات والبرولين والأنثوسيانين		**الحرارة العالية / المنخفضة**

- تراكم Trehalose هو تكيف آخر يساعدPGPRs للحفاظ على الحرارة وتحمل الصدمات الباردة إلى جانب الإجهاد التأكسدي		
تكوين الأغشية الحيوية، إنتاج الهرمونات النباتية IAA، تعبئة المغذيات ، إنتاج إنزيمات مضادات الأكسدة، إنتاج الأسمولات، إنتاج حاملات الحديد ، وتثبيت النيتروجين		**الملوحة**

3 المعالجة البيئية

الآلية	**الميكروبات المعالجة**	**الملوث**
-التفكيك الجذري(rhizodegradation) - الإمتزاز الحيوي - الاحتجاز - إزالة السمية - التعديل والتحوير -التراكم الحيوي - الإقصاء الحيوي - التثبيت والتقييد - يتفاعل النبات مع الرايزوسفير ومع الميكروبات المرافقة للجذر للبقاء على قيد الحياة في الظروف السامة. تشير المواد الكيميائية التي تطلقها النباتات إلى الكائنات الحية الدقيقة للتفاعل. يؤدي هذا التفاعل إلى زيادة كفاءة الإنبات وزيادة	*Pseudomonas and Acinetobacter*	Total petroleum hydrocarbon (TPH)-Diesel fuel
	Acinetobacter, Bacillus, Lysinibacillus, Novosphingobium, Pseudomonas, Rhizobium, Sphingobium, Stenotrophomonas, and Terribacillus a	Decaclorobiphenyl PCB-209
	Rhizobium radiobacter, Diaphorobacter nitroreducens	Carbamazepine (CBZ)
	Pantoea sp	Phenol and Cr (VI)
	Aeromonas salmonicida, Pseudomonas indoloxydans, Bacillus cerus, Pseudomonas gessardii, and Rhodococcus sp	Fe, Mn, Ni, Pb, and Cr

Bisphenol A (BPA)	*Bacillus thuringiensis and Pantoea dispersa*	استطالة الجذر مما يؤدي إلى زيادة تفكيك الملوثات في كل من الجذور والغلاف الورقي.
Dioxin	*Comamonas sp. strain KD7*	
As, Cd, Cu, Pb, and Zn	*Serratia sp. MSMC541*	
Chloromethane	*Hyphomicrobium sp*	

أنواع الإجهادات اللاحيوية

الباب الثالث: بيوتكنولوجيا الرايزوسفير

الفصل الأول: الرايزوسفير يدعم الغذاء والزراعة

1. الرايزوسفير يطعم البشر

يمكن أن تساعد العمليات التي تحدث على مستوى الجذور في إطعام العالم وإنقاذ البيئة من خلال الفهم العميق لتلك العمليات الكيميائية الميكروبيولوجية والجيولوجية التي تحدث في تربة المحيط الجذري والناجمة عن التفاعلات المعقدة للنبات والميكروبات والتربة

و البكتيريا الجذرية المعززة لنمو النبات (PGPRs) تلعب دورا رياديا في تحسين امتصاص الماء والمغذيات، وتحمل الضغوط اللاأحيائية (الجفاف والملوحة الاشعاع وملوثات كالمعادن الثقيلة وغيرها) والحيوية عبر آليات مباشرة (تثبيت ال N_2، إذابة الفوسفات، اقتناص الحديد، الهرمونات النباتية، وتخفيف الإجهاد) والآليات غير المباشرة مثل أنشطة المكافحة الحيوية. وكل هذا يصب في تحسين الانتاج الزراعي وتشجير الكوكب وتحسين البيئة والحد من أثار الاحتباس الحراري

تتعاون الريزوبيا مع أعضاء الفصيلة البقولية التي تضم 908 جنسا: 619 منها ما يتبع الفصيلة مباشرة و189 منها يتبع أسرة الفولاويات (أوالفراشيات) (*Papilionaceae*) و38 جنساً يتبع أسرة الميموزاوات (*Mimosaceae*) و61 جنساً يتبع أسرة السيزالبيناوات (*Caesalpinaceae*) وهي بهذا توفر كثيرا من الغذاء والعلف، ومن أشهر البقوليات الغذائية الفاصولياء(*Phaseolus*

والبازلاء والفول وفول الصويا والحمص والعدس والترمس(Lupinus) والفول السوداني. بالإضافة للفاصولياء الخضراء والبازلاء والفول الأخضرين التي تعتبر خضروات أما فول الصويا والفول السوداني اللذين ينتج منهما الزيوت النباتية والزبدة. تتضمن الفلقات الضخمة للبذور مغذيات كالبروتينات والنشا والدهونًا. والبقوليات مصادر غنية بالحديد والبوتاسيوم والسيلينيوم والمغنيسيوم والزنك والفيتامينات B والألياف.

كانت ولا تزال البقوليات إلى اليوم غذاءا ومصدرًا هامًا بروتين على مر التاريخ العالمي القديم والجديد لعديد الشعوب، فالفول غذاء المصريين والفاصولياء غذاء العراقيين وتعد أيضا الفاصوليا مصدرًا رئيسيًا للبروتين الغذائي في كلٍ من كينيا، وملاوي، وتنزانيا، وأوغندا، وزامبيا. والحمص غذاء السوريين واللبنانيين والعدس غذاء الباكستانيين والفول الصويا ومشتقاته غذاء أغلب دول شرق آسيا.

الهند هي الدولة الرائدة عالميًا في إنتاج الفاصوليا الجافة، تليها البرازيل وميانمار. وفي إفريقيا، تعتبر تنزانيا أهم الدول المنتجة لها

يضم النبات عدداً من القلويدات مثل الجنيسيرين (Geneserine) والسيتيزين (Cytisine) والصابونين (Saponine) والسبارتين (Spartein) والتانين، وHCN، بالإضافة إلى سكاكر غير متجانسة

استخدام سرخس الأزولا كمخصب نتروجيني لزرارعة الرز

تنوع البقوليات الغذائية

جدول (34): الأطعمة المشتقة من البقوليات

– شوربة الخضار مدعمة بدقيق الصويا الغني بالبروتينات
–الحمص المصنوع من مهروس الحمص والطحينة
–المعكرونة المصنوعة من(mungbean)التي تحتوي على كمية جيدة من الكربوهيدرات
–طعام فطام اللوبيا، اللوبيا المسلوقة منزوعة القشور والمكملة لأطعمة الرضع المعتمدة على الحبوب
حليب الصويا، فول الصويا، زبادي الصويا، توفو، ميسو، صلصة الصويا، ناتو، تمبيه، بروتين الصويا، زيت فول الصويا اوكارا

أطعمة متنوعة مشتقة من بقول الصويا

SOY FOOD SET

SOY OIL

TOFU

SOYBEANS

SOY SPROUTS

TEMPEH

SOY SAUCE

SOY FLOUR

SOY PROTEIN

SOY MILK

TOFU SKIN

SOY MEAT

MISO PASTE

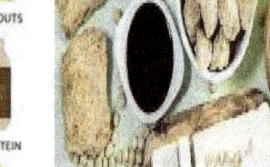

124

الخروب شجرة بقولية بيئية واقتصادية

التمر الهندي شجرة بقولية بيئية واقتصادية

الأكاسيا كشجرة بقولية لتربية النحل وإنتاج العسل

2. الرايزوسفير يعلف المواشي والحيوانات

الريزوبيا من خلال تكافلها مع البقوليات العلفية توفرا أعلافا وتدعم الثروة الحيوانية ومن أشهر البقوليات العلفية الكرسنة والنفل والبرسيم والبرسيم الحجازي والبيقية وأنواع الفصة الحولية والمعمرة.

البيقية (Vicia) – الشبرق(Ononis) – العنبريس (Onobrychis) – الفصة (Medicago)– الليسبيديزا(Lespedeza) – النفل(Trifolium) الكِشْت ، تامر

تنوع البقوليات العلفية

البرسيم الحجازي أشهر البقوليات العلفية

3. الرايزوسفير يوفر المراعي

إلى جانب البقوليات العشبية أو العلفية توفر البقوليات الشجرية في الأنظمة السهبية الرعوية خدمات بيئية مختلفة، بما في ذلك، على سبيل المثال لا الحصر، التثبيت البيولوجي للنيتروجين (BNF) الذي يسمح بنمو مختلف البقوليات العلفية المثرية للمراعي الفسيحة والخصيبة والتي بدورها تسمح بتنويع النظم الغذائية للماشية، والظلال للماشية. كما يشكل نبات الرتم البقولي علفا مغذيا للإبل والمها وغزلان الصحراء.

4. الرايزوسفير يكافح التصحر

الريوزبيا بتعايشها مع البقوليات الشجرية فهي تكافح التصحر بدعم نمو الأشجار التي تنتمي لهذه الفصيلة كالطلح والخروب والأكاسيا بأنواعها. وجنبا الى جنب الميكريزا والأكتينورايزا بتكيفها مع قلة المغذيات والمياه فهي أيضا تدعم كثير الفصائل النباتية وعديد الأشجار وتساعدها على تحمل الإجهاد المائي والملحي والبيئات القاسية. الرتم أيضا من النباتات البقولية المكافحة للتصحر والمثبتة للرمال والكثبان عن طريق مجموعه الجذري الطويل والمتفرع.

الأكاسيا أشهر شجرة بقولية لمكافحة التصحر

توزيع وإنتشار النباتات الأكتينوريزية في العالم

الرتم نبات بقولي مكافح للتصحر
(Retama raetam)

5. الرايزوسفير يستصلح الأراضي

الريزوبيا بتكافلها مع البقوليات الغذائية والعلفية فهي تدعم نظام الزراعة المطرية في منطقة البحر المتوسط وتوفر مصادر غنية بالبروتين للإنسان والحيوان، وتستصلح التربة وتحسن خواصها وتزيد من خصوبتها من خلال التثبيت الحيوي للنيتروجين، كما تحمي الأراضي البور من التدهور وتقيها من غزو الأعشاب الضارة، وتعمل كذلك البقوليات على زيادة المادة العضوية وحماية التربة من التآكل والتعرية وذلك زيادة الغطاء النباتي وتحسين نفاذيتها

وعلاوة على ذلك، فإن خصائص تثبيت النيتروجين التي تتميَّز بها البقول تحسن خصوبة التربة، ويؤدي ذلك إلى زيادة وتحسين إنتاجية الأراضي الزراعية. وعن طريق استخدام البقول في

130

الزراعة البينية ومحاصيل التغطية، يمكن للمزارعين أيضاً تعزيز التنوع البيولوجي للمزارع والتنوع البيولوجي للتربة والوقاية من الآفات الضارة والأمراض.

6. الرايزوسفير يدعم الزراعة التجارية والاقتصاد الحيوي

يمكن أن تكون البكتيريا ذات الفوائد المتعددة مفيدة في الزراعة التجارية وذات صلة بالاقتصاد الحيوي. تتم زراعة العديد من النباتات ذات الأهمية الاقتصادية كالبقوليات الغذائية والعلفية في الزراعة الأحادية وتتطلب تعديلات للنمو والإنتاج الأمثل، فضلاً عن الحماية من الكائنات الحية المرضية. كما يمكن استخدام البكتيريا الجذرية المعززة لنمو النبات في انتاج الأسمدة الحيوية كالمخصبات النيتروجينية والفوسفاتية، وعوامل المكافحة الحيوية كمبيدات الآفات والحشرات ومحفزات مسارات التمثيل الغذائي الثانوية التي تؤدي إلى منتجات ذات أهمية غذائية ودوائية، وبالتالي هي ذات فائدة اقتصادية إلى جانب هذا تكتسي بعض البقوليات كفول الصويا أهمية اقتصادية كبيرة؛ فهي الى جانب استخدامها غذاءً وعلفا، تستغل كذلك في إنتاج الزيوت والوقود الحيوي والديزل بوصفه شكلا من اشكال الطاقة البديلة للوقود الأحفوري.

يعتبر علم metagenomics الجذور مجالًا واعدًا جدًا للعثور على جينات جديدة ذات أنشطة جديدة وقيمة عالية في مجال التكنولوجيا الحيوية، كالجينات الجديدة المشفرة لإنزيمات التحلل أو جينات المقاومة للمضادات الحيوية وإنتاج المضادات الحيوية.

131

7. الرايزوسفير يحمي الصحة النباتية ويدعم الزراعة العضوية

الجذور أو الرايزوسفير موقع استثنائي لعوامل المكافحة البيولوجية التي يمكن استخدامها في إدارة مسببات الأمراض من الفطريات والديدان الخيطية والأعشاب الضارة.

كبح الأمراض محدد وقد يكون له آليات مختلفة، يمكن أن تشمل المضادات الحيوية، إنتاج حاملات الحديد أو المركبات المتطايرة، التطفل والتنافس على العناصر الغذائية والتنافس على المنافذ البيئية ومقاومة الأمراض المستحثة، كما يمكن أن تؤدي الزراعة الأحادية المحصول، مع مرور الوقت، إلى انخفاض في المرض بسبب تطور التربة القمعية للأمراض. بالإضافة لممارسات الإدارة الأخرى كتناوب المحاصيل، وتعديل التربة، وزراعة الغطاء، والتبخير، أو تشميس التربة.

الجدول أدناه يوضح أهمية بعض ميكروبات الرايزوسفير في المكافحة البيولوجية لبعض الأمراض وفي دعم الصحة النباتية والزراعة العضوية بالاستغناء عن الكيماويات الزراعية كالمبيدات.

جدول (35): أمثلة على أمراض نباتية التي تم تحديد عوامل المكافحة البيولوجية محتملة لها ومن الرايزوسفير

م	المرض النباتي			البكتيريا او الفطر الرايزوسفيري المستخدم في المكافحة الحيوية
	إسمه	الفطر الممرض	النبات المصاب	
1	Damping-off الذبول	*Pythium spp.*	الشمندر، الذرة، الخيار، برسيم قدم	*Actinoplanes sp. ,Burkholderia cepacia PHQM 100 , Pseudomonas aureofaciens 63-28 Serratia plymuthica; Pythium*

oligandrum; *Trichoderma longibrachiatum* CECT 2606 , *Pseudomonas fluorescens* VO61 , *Cladorrhinum foecundissimum*	الطائر، الباذنجان			
Pseudomonas fluorescens VO61	الذرة	*Rhizoctonia solani*	Sheath blight اللفحة الغمدية	2
Bacillus sp	القمح	*Rhizoctonia solani*	Root rot تعفن الجذور	3
Pseudomonas fluorescens Q8r1-96	القمح	*Gaeumannomyces graminis var. tritici*	Take-all	4
Bacillus subtilis GB03 , *Paenibacillus sp.* 300 , *Pseudomonas sp.; Fusarium oxysporum* Fo47a ; *Fusarium solani a* ; *Fusarium spp.* , *Pseudomonas putida* WCS417	حمص،خيار، طماطم، فجل	*Fusarium sp.*	Fusarium wilt الذبول الفيوزاريومي	5
Trichoderma harzianum 2413	فلفل	*Phytophthora sp.*	Root rot تعفن الجذور	6
Talaromyces flavus , *Pythium oligandrum*	الباذنجان والفلفل	*Verticillium dahliae*	Verticillium wilt الذبول الفرتيسيليومي	7

الفصل الثاني: الرايزوسفير يدعم البيئة والصحة والسياحة

1. الرايزوسفير ينقذ البيئة

ساهمت التنمية الصناعية وتكثيف الزراعة في العقود العديدة الماضية إلى التلوث البيئي، وإطلاق النفايات الخطرة في النظم البيئية الأرضية. ونظرا للطبيعة السامة والمسرطنة للملوثات وميلها للتراكم البيولوجي في البشر والكائنات الحية الأخرى، وطول عمر تحللها وتكلفة إزالتها، أصبحت مجالا ذا أولوية. وأظهرت النظم الميكروبية النباتية إمكانات عالية في المعالجة البيولوجية، وهي العملية التي تستخدم الدور الطبيعي للنباتات والكائنات الحية الدقيقة في التحول، والتمعدن، وتعقيد الملوثات العضوية وغير العضوية. في المقابل بالنسبة لتقنيات معالجة التربة التقليدية، فإن المعالجة الحيوية أقل تكلفة وتستخدم تكنولوجيا بسيطة نسبيًا، والحد الأدنى من تعطيل الموقع الملوث. يمكن تسهيل المعالجة البيولوجية بواسطة إفرازات جذر النبات التي تظهر ألفة ارتباط عالية لبعض الملوثات أو عن طريق الكائنات الحية الدقيقة في منطقة الجذور التي تمعدن الملوثات إلى مواد غير سامة أو قابلة للتمثيل أو التحلل.

جدول(36): الأنواع النباتية المسهلة للتحلل الميكروبي للكيماويات الخطرة في منطقة الرايزوسفير

الكيماويات الخطرة	النباتات		م
	الإسم العلمي	التسمية الشائعة	
2,4– Dichlorophenoxyacetic acid	*Trifolium africanum*	African clover البرسيم الأفريقي	1
Polycyclic aromatic hydrocarbons (PAHs)	*Medicago sativa*	Alfalfa البرسيم	2
(TCE) Trichloroethylene	*Paspalum notatum*	Bahia grass عشب الباهية	3
PAHs	*Sorghum vulgare*	Sorghum السرغوم	4
Diazinon, Parathion, Temik	*Phaseolus vulgaris*	Beans فول	5
Surfactants	*Typha sp.*	Cattail كاتيل	6
Atrazineh, Temikd , fuel oil hydrocarbons	*Zea mays*	Corn ذرة	7
Temik	*Gossypium hirsutum*	Cotton قطن	8
.2,4– Dichlorophenoxyacetic acid	*Linum usitatissimum*	Flax كتان	9
(TCE) Trichloroethylene	*Solidago sp.*	Goldenrod جولدن رود	10
Chlorobenzoic acid–2	*Bromus biebersteinii*	Meadow brome ميدو بروم	11
Diazinon	*Pisum sativum*	Peas Diazinon بازلاء ديازينون	12

(VOCs) Volatile organic compounds (benzene, biphenyl, chlorobenzene, dimethylphthalate, ethylbenzene, naphthalene, p-nitrotoluene, toluene, p-xylene, bromoform, choloroform, 1,2-dicholoroethane, tetracholoroethylene, 1,1,1-trichloroethane), 4-chlorophenol	*Phragmites communis*	قصب Reed	13
Anthracene, TCE, PAHs	*Lolium perenne*	عشب الجاودار Rye grass	14
Atrazine	*Kochia scoparia*	سرو الصيف Summer cypress	15

2. الرايزوسفير يزين المحيط ويجمل البيئة

الرايزوسفير بتنوع ميكروباته وتعدد وظائفها يساعد على تزيين المحيط وتجميل البيئة؛ وذلك باستخدام بقوليات الزينة وأزهارها الجميلة والمتنوعة في تصميم الحدائق. إضافة إلى استخدام البقوليات الشجرية متعددة الألوان في تزيين المنتزهات والشوارع والحدائق والمنتجعات والحظائر النباتية وفي تميم وتجميل المناظر الطبيعية.

تنوع الزهور في بقوليات الزينة

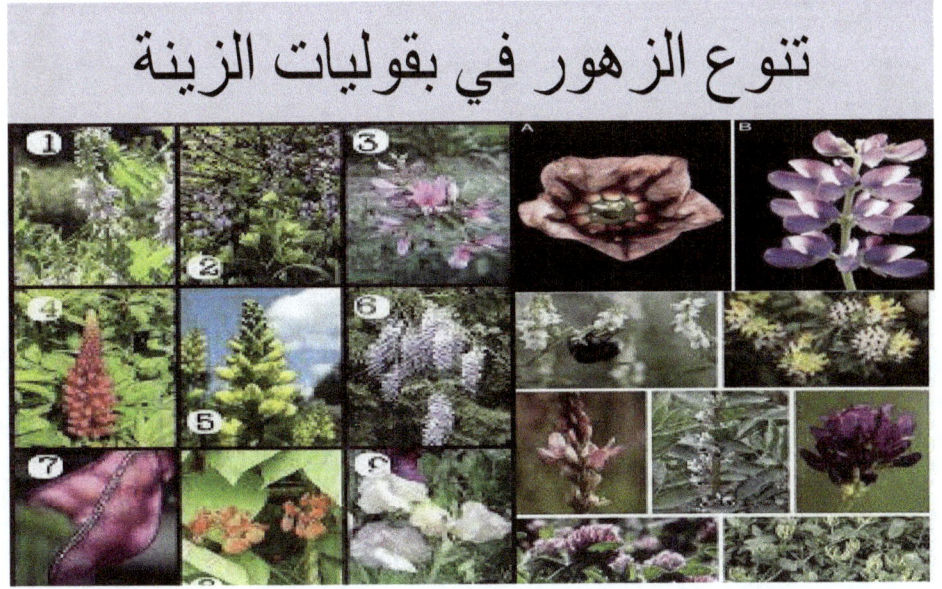

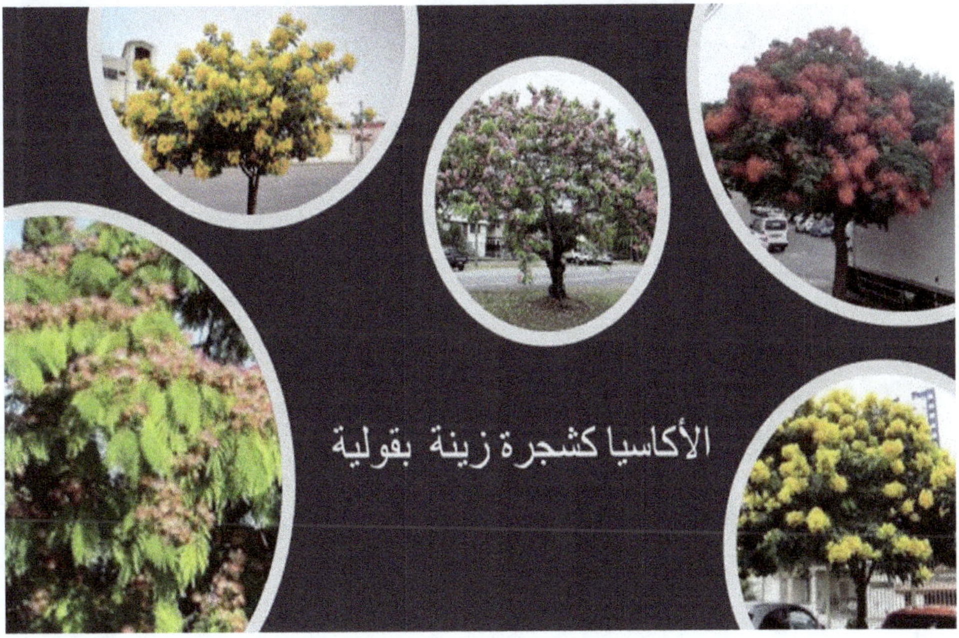

الأكاسيا كشجرة زينة بقولية

3. الرايزوسفير يحسن المناخ

تعمل البقوليات الشجرية في الأنظمة السهبية الرعوية خدمات بيئية مختلفة، بما في ذلك، على سبيل المثال لا الحصر، التثبيت البيولوجي للنيتروجين (BNF) ، احتجاز الكربون، والحد من الاحتباس الحراري انبعاثات الغازات. يعد الفهم الأفضل للعمليات والنشاطات الحادثة على مستوى الرايزوسفير أمرًا بالغ الأهمية للحفاظ على صحة الكوكب وإطعام الكائنات الحية التي تعيش فيه. هناك جهد صغير ولكنه متضافر جار لتسخير النظام الجذري للنباتات في محاولة لزيادة إمكانات الغلة للمحاصيل الغذائية الأساسية من أجل تلبية التضاعف المتوقع في الطلب العالمي على الغذاء في الخمسين عامًا القادمة. تُبذل هذه الجهود في مواجهة تغير المناخ العالمي

وزيادة عدد سكان العالم مما سيتطلب حتماً أغذية وأعلافا وأليافا مزروعة بشكل أكثر إنتاجية في أراضي أقل مثالية (وغالبًا ما تكون غير خصبة)؛ وهي حالة تمت مواجهتها بالفعل في العديد من البلدان النامية. ستكون مواجهة التحديات العالمية لتغير المناخ والنمو السكاني من خلال فهم أفضل لعمليات الجذور والتحكم فيها أحد أهم تحديات العلوم في العقد المقبل والتي ستتطلب لقوة عاملة متنوعة ومتعددة التخصصات.

ويمكن للبقول أن تسهم في التخفيف من آثار تغيُّر المناخ عن طريق الحد من الاعتماد على الأسمدة الاصطناعية التي تُستخدم لإضافة النيتروجين اصطناعياً إلى التربة. وتنطلق غازات الدفيئة أثناء صُنع واستخدام تلك الأسمدة، ويمكن للإفراط في استخدامها أن يضر بالبيئة. غير أن البقول تثبِّت نيتروجين الغلاف الجوي في التربة بشكل طبيعي وتُطلق في بعض الحالات الفسفور المرتبط بالتربة، وبالتالي تقلِّص كثيراً من الحاجة إلى الأسمدة الاصطناعية.

4. الرايزوسفير يدعم الصحة

أهم استخدام طبي للتربة وللرايزوسفيرها هو عزل المضادات الحيوية من كائنات التربة، فمن المعروف أن العديد من كائنات التربة بما في ذلك الفطريات الشعاعية والفطريات تولد خصائص مضادة للجراثيم.

الفطريات الشعاعية في التربة، وهي مصادر المضادات الحيوية ومضادات الأورام والالتهاب. اكتشف الدكتور سلمان واكسمان (عالم الكيمياء الحيوية للتربة في جامعة روتجرز) وفريقه

البحثي المضادات الحيوية التي تثبط البكتيريا الموجبة والسالبة للجرام التي تعيش في التربة.

حصل على جائزة نوبل في علم وظائف الأعضاء في عام 1952 لاكتشافه الستربتومايسين ،

وهو أول علاج فعال لمرض السل (Woodruff، 2014).

جدول(37): المركبات الفعالة طبيا والمنتجة من ميكروبات الرايزوسفير

المركبات الفعالة طبيا	النبات	ميكروبات الرايزوسفير	م
منتج غزير لفئات متنوعة من مركبات المضادات الحيوية	*Artemisia annua*	*Micromonospora*	1
العوامل المضادة للأورام، ومعدلات المناعة (immune modulators)، ومضادات الفيروسات، ومبيدات الأعشاب، والمركبات المضادة للأوليات		*Kitasatospora*	2
الأنشطة المضادة للميكروبات ومضادات التريبانوزوما		*Actinokineospora*	3
تنتج مركبات المضادات الحيوية والأنزيمات المهمة صناعيًا	*Leontopodium nivale Subspecies alpinum*	*Nocardia, and Streptomyces*	4
إنتاج أصباغ ذات نشاط مضاد للميكروبات ومركبات أخرى من المضادات الحيوية		*Micrococcus*	5

140

6	*Duganella spp.*	*الزيتون البري*	صبغة ال (Violacein) المضادة للبكتيريا الممرضة، ومضاد للفيروسات، ومضاد للتريبانوسوما ، ومضاد للبروتوزوا ، ومضاد للتقرحات. كما قد يكون للفيولاسين تطبيق سريري واعد في علاج السرطان لأنه فعال ضد سرطان الدم وسرطان الرئة وخلايا سرطان الغدد الليمفاوية. بالإضافة إلى ذلك ، يمكن استخدامه في علاج الأمراض الجلدية ضد الأشعة فوق البنفسجية ،وتُستغل بصفتها صبغة حيوية للألياف الطبيعية والصناعية
7	*Chromobacterium violaceum*	*التربة*	تريبانوسيد من الفيولاسين
8	*Streptomyces sp., .Micromonospora sp*	*Dioscorea opposite, Potentilla discolor Bge, Stellera chamaejasme L, Juncus effusus L. Var. Decipiens*	نشاط مضادات الميكروبات

		Buchen, Ainsliaea henryi Diels, Rhizoma .arisaematis	

5. الرايزوسفير يدعم التشجير ويحافظ على التنوع الحيوي

- توفر البقوليات الشجرية وحتى العشبية في الأنظمة السهبية الرعوية خدمات بيئية مختلفة على سبيل المثال لا الحصر، المأوى لتعشيش الطيور، ومراعي للحيونات كالزرافات والجمال والضباء والغزلان بأنواعها، وحتى القوارض الصغيرة، وهي بدورها تجتذب المفترسات بأنواعها، فهي تثري التنوع البيولوجي وتحافظ عليه.

كما أن تكافل الريزوبيا مع البقوليات الغذائية والعلفية يدعم نظام الزراعة المطرية في منطقة البحر المتوسط وتوفر مصادر غنية بالبروتين للإنسان والحيوان، وهي بذلك تقلل من الرعي الجائروالمبكر ومخاطره على التنوع الحيوي خاصة إذا حفظت هذه الأعلاف غضة عن طريق السيلجة أو بصفتها بذورا علفية لأوقات الجفاف.

كما تشكل الشبكة الكثيفة المتشابكة من الخيوط الفطرية "شبكة جذرية مشتركة" (CMN common mycorrhizal network) ، حيث يتم ربط خيوط الفطرية التي تصيب نباتين أو أكثر. من خلال CMN، ثبت أن النباتات تشارك العناصر الغذائية وتتوسط في التفاعلات

بين النباتات التي لا تشترك على الفور في نفس المساحة. ولقد ثبت أن تنوع هذه التفاعلات والفطر الميكوريزي الذي يشارك فيها لهما قدر كبير من التأثيرات على التنوع البيولوجي للنبات، ووظيفة النظام البيئي واستقراره.

ضف على ذلك دور الأكتينوريزا خاصة فراكيا في دعم التشجير والزراعة الحراجية وتطوير الغابات الآوية لكل أشكال التنوع الحيوي النباتي والحيواني.

6. الرايزوسفير يدعم الترفيه والتسلية والسياحة والثقافة

ناهيك عن الخدمات البيئية التي يوفرها الرايزوسفير فهناك أيضا قيم ثقافية وترفيهية وجمالية وروحية. من بين القيم الترفيهية نرى أنه لولا الرايزوسفير وميكروباته المعززة لنمو النباتات ما

ازدهرت أعشاب السفانا ومراعيها وما تكاثرت حيواناتها ولا أصبحت بقعة حارة لتنوع الثدييات والحيوانات بصورة عامة؛ حيث أصبحت السافانا الإفريقية في كينيا وتنزانيا مركزا عالميا للسياحة البيئية والترفيه ومراقبة الحيونات والاستمتاع بمشاهدتها وتصويرها عن كثب.

رعي الأيل البور *(Dama dama)* على خلائط بنسب مختلفة من *fescue (F. arundinacea)* والبرسيم *(T repens L. var. hollandicum cv. Huia).* فضلت الغزلان البقوليات على الحشائش وأمضت وقتًا أطول في الرعي على البرسيم. كما لوحظ أن الوجبات الغذائية التي تحتوي على البقوليات المحتوية على *CT (Hedysarum corarium)* قللت من تأثير الطفيليات الداخلية على الغزلان الحمراء *(Cervus elaphus)* ، مما قلل من الاعتماد على العلاج المضاد للديدان.

أيضًا عن أهمية بقوليات الأشجار *(Caesalpinia violacea)* في غذاء الغزلان في يوكاتان، المكسيك. تفضل الغزلان الأنواع الخشبية. لذلك، فإن إدخال البقوليات الشجرية المستساغة المثبتة لـ N_2 هي طريقة فعالة لزيادة استدامة عمليات تربية الحيوانات. تشمل الفوائد العائد المالي لمدير الأرض بالإضافة إلى الحفاظ على الحياة البرية وأنواع البقوليات المرغوبة.

التنوع البيولوجي هو خاصية مرغوبة في الأراضي العشبية. لا يقتصر ثراء الأنواع والمجموعات الوظيفية النباتية على القدرة على زيادة الإنتاجية الأولية كما ذكرنا سابقًا فحسب، بل يعزز أيضًا قدرة الأراضي العشبية على توفير الخدمات البيئية والجمالية للبشر. القيم الروحية والجمالية

هي خدمات النظام البيئي التي غالبًا ما يتم تجاهلها، مقارنةً بخدمات النظم البيئية الأخرى التي توفرها الأشجار. ومع ذلك، فهي مهمة للغاية لرفاهية البشر.

أعشاب السافانا وأشجارها البقولية أساس تنوعها الحيوي

الأكاسيا شجرة بقولية تستظل وترعى عليها الزرافات

تنوع وجمال أزهار ونورات بقوليات الزينة

بعض شعارات اليوم العالمي للبقول

طوابع بريدية لتعزيز القيمة الثقافية للبقوليات

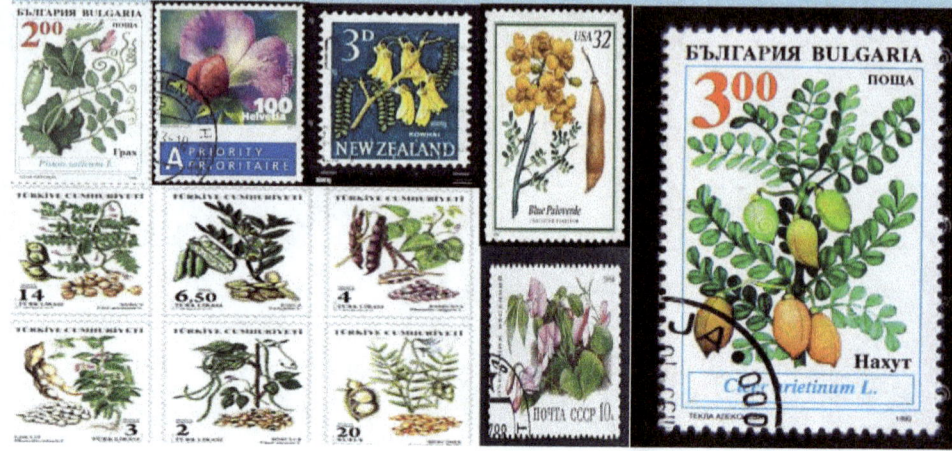

المراجع

1. Sacande, M., Parfondry, M., & Cicatiello, C. (**2020**). أنشطة استعادة الغابات قيد التنفيذ لمكافحة التصحر: دليل أعمال استعادة الغابات على نطاق واسع دعماً لمرونة المجتمعات الريفية ضمن برنامج السور الأخضر العظيم. Food & Agriculture Org.

2. Etesami, H. (**2022**). Root nodules of legumes: a suitable ecological niche for isolating non-rhizobial bacteria with biotechnological potential in agriculture. *Current Research in Biotechnology*.

3. Freschet, G. T., Pagès, L., Iversen, C. M., Comas, L. H., Rewald, B., Roumet, C., ... & McCormack, M. L. (**2021**). A starting guide to root ecology: strengthening ecological concepts and standardizing root classification, sampling, processing and trait measurements. New Phytologist, 232(3), 973–1122.

4. F.D. Dakora, D.A. Phillips, Root exudates as mediators of mineral acquisition in low-nutrient environments ,Plant Soil, 245 (2002), pp. 35–47.

5. Giri, B., Prasad, R., & Varma, A. (Eds.). (**2018**). Root biology (Vol. 52). Springer.

6. McNear Jr., D. H. (**2013**) The Rhizosphere – Roots, Soil and Everything In Between. *Nature Education Knowledge* 4(3):1.

149

7. Rawat, P., Das, S., Shankhdhar, D., & Shankhdhar, S. C. (**2021**). Phosphate-solubilizing microorganisms: mechanism and their role in phosphate solubilization and uptake. *Journal of Soil Science and Plant Nutrition, 21*(1), 49–68.

8. de Kroon, H., & Visser, E. J. (Eds.). (**2003**). Root ecology (Vol. 168). Springer Science & Business Media.

9. Kumar, M., Kumar, V., & Prasad, R. (Eds.). (**2020**). *Phyto-microbiome in stress regulation.* Springer.

10. Wall, L. G. (2000). The actinorhizal symbiosis. *Journal of plant growth regulation, 19*(2), 167–182.

11. Hocher, V., Ngom, M., Carré-Mlouka, A., Tisseyre, P., Gherbi, H., & Svistoonoff, S. (**2019**). Signaling in actinorhizal root nodule symbioses. *Antonie van Leeuwenhoek, 112*(1), 23–29.

12. Beneduzi, A., Ambrosini, A., & Passaglia, L. M. (**2012**). Plant growth-promoting rhizobacteria (PGPR): their potential as antagonists and biocontrol agents. Genetics and molecular biology, 35(4), 1044–1051.

13. Kennedy AC (**1998**) The rhizosphere and spermosphere.In: Sylvia DM, Fuhrmann JJ, Hartel PG, and Zuberer DA (eds) Principles and Applications of Soil Microbiology, pp. 389–407. Upper Saddle River, NJ:Prentice-Hall, with permission.

14. Bindlish, R., Jackson, T. J., & Wood, E. AC Kennedy and LZ de Luna, USDA Agricultural Research Service, Pullman, WA, USA. Environment, 85, 507–515.

15. Barra Caracciolo, A., & Terenzi, V. (**2021**). Rhizosphere microbial communities and heavy metals. Microorganisms, 9(7), 1462.

16. Naeem, M., Ansari, A. A., & Gill, S. S. (Eds.). (**2017**). Essential plant nutrients: uptake, use efficiency, and management. Cham : Springer International Publishing.

17. Agler, M. T., Ruhe, J., Kroll, S., Morhenn, C., Kim, S. T., Weigel, D., et al. (**2016**). Microbial hub taxa link host and abiotic factors to plant microbiome variation. PLoS Biol. 14: e1002352. doi: 10.1371/journal.pbio.1002352.

18. Oberhofer, M., Hess, J., Leutgeb, M., Gössnitzer, F., Rattei, T., Wawrosch, C., & Zotchev, S. B. (**2019**). Exploring actinobacteria associated with rhizosphere and endosphere of the native alpine medicinal plant *Leontopodium nivale subspecies alpinum*. Frontiers in Microbiology, 10, 2531.

19. Karlovsky, P. (**2008**). Secondary metabolites in soil ecology. In Secondary metabolites in soil ecology (pp. 1–19). Springer, Berlin, Heidelberg.

20. Ahemad, M. (**2015**). Phosphate-solubilizing bacteria-assisted phytoremediation of metalliferous soils : a review. 3 Biotech 5, 111–121. doi: 10.1007/s13205-014-0206.

21. Rawat, P., Das, S., Shankhdhar, D., & Shankhdhar, S. C. (**2021**). Phosphate-solubilizing microorganisms: mechanism and their role in phosphate solubilization and uptake. *Journal of Soil Science and Plant Nutrition*, *21*(1), 49–68.

22. De Azevedo MBM, Alderete J, Rodríguez JA, Souza AO, Rettori D, Torsoni MA, Faljoni-Alario A, Haun M, Durán N (**2000**) Biological activities of violacein, a new antitumoral indole derivative, in an inclusion complex withβ–cyclodextrin. J Incl Phenom Macro cycl. Chem 37 :93–10115.

23. De Carvalho DD, Costa FTM, Durán N, Haun M (**2006**) Cytotoxic activity of violacein in human colon cancer cells. Toxicol Vitro 20 :1514–1521Purple–Pigmented Violacein-ProducingDuganellaspp.457.

24. Barka, E. A., Vatsa, P., Sanchez, L., Gaveau–Vaillant, N., Jacquard, C., Klenk, H.-P., et al. (**2016**). Taxonomy, physiology, and natural products of actinobacteria. Microbiol. Mol. Biol. Rev. 80, 1–43. doi: 10.1128/MMBR.00019-15.

25. Compant, S., Clement, C., and Sessitsch, A. (**2010**). Plant growth–promoting bacteria in the rhizo– and endosphere of plants : their role, colonization, mechanisms involved and prospects for utilization. Soil Biol. Biochem. 42, 669–678. doi: 10.1016/j.soilbio.2009.11.024.

26. Vives–Peris, V., de Ollas, C., Gómez–Cadenas, A., & Pérez–Clemente, R. M. (**2020**). Root exudates: from plant to rhizosphere and beyond. Plant cell reports, 39(1), 3-17.

الملخصات

الملخص بالعربي

الرايزوسفير: إيكوبيولوجيا، ميكروبيولوجيا وبيوتكنولوجيا

ملخص : كتاب الرايزوسفير: إيكوبيولوجيا، ميكروبيولوجيا وبيوتكنولوجيا وُزِّعت مادته العلمية على ثلاثة أبواب الأول (إيكوبيولوجيا الرايزوسفير) وشمل فصلين الأول غطى أساسيات الجذر، بنيته وتنوعه المورفولوجي والوظيفي وتحوراته ومناطقه ومفرزاته والثاني عرف الرايزوسفير ومايقاربه من مصطلحات ووضح أقسامه وسكانه والعلاقات الإيكولوجية والحيوية التي تربطهم والعوامل المؤثرة عليهم). أما الباب الثاني (ميكروبيولوجيا الرايزوسفير)، فقد تضمن أربعة فصول قدمت فيها شروحا وافية عن ميكروبات الرايزوسفير وميكروبيومه، مع التركيز على أهم الميكروبات الجذرية المعززة لنمو النبات وآليات التعزيز المباشرة وغير المباشرة. أما الباب الثالث والأخير (بيوتكنولوجيا الرايزوسفير)، فغطى في بابيه كل مايقدمه الرايزوسفير في خدمة الغذاء والزراعة وفي دعم البيئة والصحة والسياحة والترفيه والثقافة.

الكلمات المفتاحية : الرايزوسفير، إيكوبيولوجيا، ميكروبيولوجيا، بيوتكنولوجيا

153

La Rhizosphère: Ecobiologie, Microbiologie et Biotechnologie

Résumé: Le livre de la rhizosphère: ecobiologie, microbiologie et biotechnologie, son matériel scientifique est distribué en trois parties, la première est la ecobiologie de la rhizosphère, qui comprenait deux chapitres. Le premier couvrait les bases de la racine, sa structure, sa diversité morphologique et fonctionnelle, ses transformations, ses régions et ses sécrétions. La seconde définissait la rhizosphère et ses termes associés et expliquait ses divisions, ses habitants, les relations écologiques et biologiques qui les relient et les facteurs qui les affectent. Quant à la deuxième partie, la microbiologie de la rhizosphère, elle comprenait quatre chapitres qui fournissaient des explications adéquates sur les microbes de

la rhizosphère et son microbiome, en mettant l'accent sur les microbes racinaires les plus importants qui favorisent la croissance des plantes et les mécanismes de promotion directs et indirects. Quant à la troisième et dernière partie sur les biotechnologies de la rhizosphère, elle couvre dans son chapitre tout ce que la rhizosphère offre au service de l'alimentation et de l'agriculture et en faveur de l'environnement, de la santé, du tourisme, des loisirs et de la culture.

Mot clés : Rhizosphère, ecobiologie, microbiologie, biotechnologie.

The Rhizosphere : Ecobiology, Microbiology and Biotechnology

Abstract : The book of the rhizosphere : ecobiology, microbiology and biotechnology, its scientific material is distributed in three parts, the first is the ecobiology of the rhizosphere, which included two chapters. The first covered the basics of the root, its structure, morphological and functional diversity, its transformations, regions, and secretions. The second defined the rhizosphere and its related terms and explained its divisions, its inhabitants, the ecological and biological relationships that connect them, and the factors affecting them. As for the second part, the microbiology of the rhizosphere, it included four chapters that provided adequate explanations about the microbes of the rhizosphere and its microbiome, with a focus on the

most important root microbes that promote plant growth and direct and indirect promotion mechanisms. As for the third and final part on rhizosphere biotechnology, it covers in its chapter all that the rhizosphere offers in the service of food and agriculture and in support of the environment, health, tourism, entertainment and culture.

Key words: Rhizosphere, ecobiology, microbiology, biotechnology

Book title The Rhizosphere: Ecobiology,
Microbiology and Biotechnology

Author: Dr. Ben Amar Cheba

Copyright Year: 2024

ISBN: 978-1-4709-5265-5

The Rhizosphere:
Ecobiology, Microbiology
and
Biotechnology

Dr. Ben Amar Cheba
Associate Professor of Biotechnology

2024